南海

故事

Stories of
South China Sea

南海故事

盖广生◎主编

文稿编撰/孔晓音

中国海洋大学出版社

CHINA OCEAN UNIVERSITY PRESS

·青岛·

魅力中国海系列丛书

总主编　盖广生

编委会

主　任　盖广生　国家海洋局宣传教育中心主任

副主任　李巍然　中国海洋大学副校长

　　　　　苗振清　浙江海洋学院原院长

　　　　　杨立敏　中国海洋大学出版社社长

委　员（以姓名笔画为序）

丁剑玲　曲金良　朱　柏　刘宗寅　齐继光　纪玉洪

李　航　李夕聪　李学伦　李建筑　陆儒德　赵成国

徐永成　魏建功

总策划

　　　　李华军　中国海洋大学副校长

执行策划

　　　　杨立敏　李建筑　李夕聪　王积庆

魅力中国海
我们的
Charming China Seas
Our Ocean Dream
海洋梦

魅力中国海 我们的海洋梦

中国是一个海陆兼备的国家。

从天空俯瞰辽阔的陆疆和壮美的海域，展现在我们面前的中华国土犹如一个硕大无比的阶梯：这个巨大的"天阶"背靠亚洲大陆，面向太平洋；它从大海中浮出，由东向西，步步升高，直达云霄；高耸的蒙古高原和青藏高原如同张开的两只巨大臂膀，拥抱着华夏的北国、中原和江南；整个陆地国土面积约为960万平方千米。在大陆"天阶"的东部边缘，是我国主张管辖的300多万平方千米的辽阔海域；自北向南依次镶嵌着渤海、黄海、东海和南海四颗明珠；18000多千米的海岸线弯曲绵延，更有众多岛屿星罗棋布，点缀着这片蔚蓝的海域，这便是涌动着无限魅力、令人魂牵梦萦的中国海！

中国的海洋环境优美宜人。绵延的海岸线宛如一条蓝色丝带，由北向南依次跨越了温带、亚热带和热带。当北方的渤海还是银装素裹，万里雪飘，热带的南海却依然椰风海韵，春色无边。

中国的海洋资源丰富多样。各种海鲜丰富了人们的餐桌，石油、天然气等矿产为我们的生活提供了能源，更有那海洋空间等着我们走近与开发。

中国的海洋文明源远流长。从浪花里洋溢出的第一首吟唱海洋的诗歌，到先人面对海洋时的第一声追问；从扬帆远航上下求索的第一艘船只，到郑和下西洋海上丝绸之路的繁荣与辉煌，再到现代海洋科技诸多的伟大发明，自古至今，中华民族与海相伴，与海相依，创造了灿烂的海洋文化和文明，为中国海增添了无穷的魅力。无论过去、现在和未来，这片海域始终是中华民族赖以生存和可持续发展的蓝色家园。

认识这片海，利用这片海，呵护这片海，这就是"魅力中国海系列丛书"的编写目的。

"魅力中国海系列丛书"分为"魅力渤海"、"魅力黄海"、"魅力东海"和"魅力南海"四大系列。每个系列包括"印象"、"宝藏"、"故事"三册，丛书共12册。其中，"印象"直观地描写中国四海，从地理风光到海洋景象再到人文景观，图文并茂的内容让你感受充满张力的中国海的美丽印象；"宝藏"挖掘出中国海的丰富资源，让你真正了解蓝色国土的价值所在；"故事"则深入海洋文化领域，以海之名，带你品味海洋历史人文的缤纷篇章。

"魅力中国海系列丛书"是一套书写中国海的"立体"图书，她注入了科学精神，更承载着人文情怀；她描绘了海洋美景的点点滴滴，更梳理着我国海洋事业的发展脉络；她饱含着作者与出版工作者的真诚与执著，更蕴涵着亿万中国人的蓝色梦想。浏览本丛书，读者朋友一定会有些许感动，更会有意想不到的收获！

愿"魅力中国海系列丛书"能在读者朋友心中激起阵阵涟漪，能使我们对祖国的蓝色国土有更深刻的认识、更炽热的爱！请相信，在你我的努力下，我们的蓝色梦想，民族振兴的中国梦，一定会早日成真！

限于篇幅和水平，书中难免存有缺憾，敬请读者朋友批评指正。

盖广生
2014年元月

　　翻开墨香荡漾的书页，南海，犹如一朵清新的浪花迎面扑来：一尘不染的蔚蓝海面，随风摇曳的翠绿椰林，尽情泼洒的金色阳光，无不印证并充盈着我们对美丽南海的无尽想象。现在，就让我们借助《南海故事》的眼睛，在历史的小径上，去欣赏那些沉淀多时的旖旎风光，去触摸我们心仪许久的蓝色海洋……

　　南海的沙滩上映照着那些人的足迹：无论是贬谪于此的苏轼，还是流落至此的黄道婆，无论是一片丹心照南海的文天祥，还是一代武术宗师叶问，皆在南海的沙滩上留下自己独特的足迹，留下悲喜交加的欢歌和酣畅淋漓的情怀，被世世代代铭记传唱。

　　南海的晚风中吟唱着那些事的温馨：翩翩薯莨衫，摇曳五色衣，临海而居的渔民用一针一线织就南海的亮丽服饰。两广美味，椰岛菜谱，以食为天的渔民们在炊烟里烹饪出了可口佳肴。南海骑楼，开平碉楼，形形色色的独特民居构建成永久的温暖家园，更有那热闹欢腾的金色节日里渔民用一舟一桨划开的信仰的灿烂波光。晚风习习里，南海吟唱着温馨的歌谣。

　　南海的夜空上闪烁着文化的光芒：一支支渔歌响彻在天涯，一个个故事流传在海角，精雕细琢的艺术品呈现着南海魅力，语言文字结出的果实袒露着南海风情。从海浪流芳的南海传说到浪奔沙舞的南海美图，从诗情画意的文字到栩栩如生的雕刻，南海的夜空上闪烁着文化的璀璨光芒。

南海的浪涛里奔腾着辉煌的风采：打开南海海图，绵延千里的海路，百舸争流的海港，承载梦想的帆船，构架出海洋文化交流的千年脉络，涂抹下一笔永不退色的历史辉煌。南海的这片海域上，航行过郑和的船队，也闯荡过无名的商人，航行过磅礴的宝船，也游走着瘦小的海船，它们都用自己的船桨划出灿烂辉煌的波光。

南海的贝壳上雕刻着抹不去的记忆：风雷滚滚，炮火号叫，硝烟弥漫，海浪泣血。抹不去忘不了，忘不了那壮怀激烈的保卫战，忘不了那旷谷悲歌的三元里抗英，忘不了那振奋人心的虎门销烟，更忘不了龙珠返家港澳回归时的喜悦……面对入侵者的挑衅，无数英雄好汉奋力厮杀，南海卷起巨浪，不朽的民族精神抛洒在这片海洋。

打开历史的木匣，将那些被时间珍藏的故事一一晾晒。你会对南海人物肃然起敬，你会对南海的世俗生活心驰神往，你会陶醉在南海传说不可抗拒的魅力中，你会为南海的辉煌历史感到由衷自豪，你还会对南海那些抹不去的记忆发一声长叹。当然，你也一定会更加热爱这片魅力无限的纯洁海洋……

Contents 目录

Stories of South China Sea

01

南海故事

02

03

南海那些诗情画意/057

04

南海那些辉煌灿烂/083

05

南海
那些人儿

01

　　人世倥偬，岁月不居。回望历史烟雨，那碧波浩渺的南海，多少故事洗尽风流，依然色泽鲜艳地赫然呈现。无论是贬谪于此的苏轼，还是流落至此的黄道婆，抑或是从此地走出的一代宗师叶问……物转星移，汹涌澎湃的历史浪涛中，南海依旧如同初生的模样。潮涨潮落，历史人物的剪影藏纳于此，被世代传唱。浪花是优雅的歌者，鸥鸟是古老的器乐，那轻叩心扉的弦音伴随着海涛的响动，传递出一个个历史人物轻轻的脚步声。茫茫南海，片片岛屿，掬一捧蔚蓝，观照时光沉淀的史话，遥想南海那古老的容颜……

此心安处是吾乡——苏轼

苏轼是中国古代文学的一座丰碑。那一阙《念奴娇·赤壁怀古》，那一句"大江东去，浪淘尽，千古风流人物"，那一阙《水调歌头·明月几时有》，那一句"但愿人长久，千里共婵娟"，在豪迈清丽中彰显出豪放派词人的灵魂。作为文人的苏轼是幸运的，上苍偏爱他，给予他八斗之才，让他得以激扬文字。然而，作为政治家的苏轼却仕途多舛。他曾屡次遭到贬谪，最后一次是在62岁高龄时被……

落蒂南海留因缘

1097年7月2日，烈日炎炎、椰林葱茏的海南岛在阵阵海浪中迎来了一位花甲之年的老者。老者风尘仆仆，面容枯槁，眉宇之间难掩一股黯然神伤的失意。淳朴的渔人和朴实的岛民并不知道，他们迎来的是位旷世文豪，是显赫一时的龙图阁大学士苏轼。他们当然也无法得知，在远离海南的中原地带，在政治经济繁荣的帝王之都，朝堂之上发生了怎样的政治震荡——在与王安石等变法新党的一系列矛盾摩擦中，苏轼已经接连两次被贬。现如今，时序已是宋哲宗年间，苏轼在朝廷中遭遇政敌势力的挤压，被贬谪海南儋州。在海南人好奇的目光中，苏轼的双脚踏上了海南这片神奇的土地。

在自然条件上，海南不同于北国，苏轼必定有诸多不适应，加上政敌的迫害，他的生活状况可谓凄凉。苏轼初到儋州，受到州官张中的敬重，让他住官舍、吃官粮。但第二年，湖南提举董必赴广西察访，得知苏轼居住在官舍里，便派人将他从官舍赶出去。在无处可居的情况下，善良的黎族人民用宽柔之心对待这位暮年的失意者。他们在桄榔林中为苏轼搭建了一座草房，也就是"桄榔庵"，并不时对他施以衣食的援助。远离政治的桎梏，逃离

🔹 苏东坡雕像

政敌的迫害，感受着当地百姓无微不至的照顾，天高海阔，温情流转，苏轼终于可以获取片刻的心灵宁静了。他在写给弟弟苏辙的诗中也有此感言："他年谁作舆地志，海南万里真吾乡。"这其中既有对悲凉命运的无奈感慨，也有对海南这一地域的认同。在鸡犬相闻的乡村，苏轼的心灵创痛得到疗治，而蛰伏在苏轼敏感心灵深处的那些诗意的种子也纷纷萌发，他在此地创作了大量优秀的诗篇。

润泽南海传佳话

尽管海南是苏轼灵魂的休憩之地，但相比文明开化的中原地区，当时的海南远在边陲，人烟稀少，遍野荒凉，无论是经济还是文化都属于边缘地带，封闭落后。海南人大都以打鱼为生，很少从事耕种。在文化方面，当时的海南更是文化沙漠地带。这一切都被客居的苏轼看在眼里。自古文人志士莫不怀有一种道义之心，苏轼亦是如此。为了回报海南人民的馈赠，他在儋州采取一系列措施，改善

苏轼（1037-1101），字子瞻、和仲，号东坡居士，世称"苏东坡"。

北宋著名文学家、书画家、词人，宋词豪放派创始人，唐宋八大家之一。

代表作品：《赤壁赋》、《江城子·乙卯正月二十夜记梦》、《饮湖上初晴后雨》等，有《苏东坡全集》和《东坡乐府》等作品传世。

🔵 东坡书院

↑ 东坡书院一景

当地生活，如打井、种豆疗病、开设学堂等。东坡井和东坡黑豆在当地流传至今，而东坡书院的存留则印证着苏轼教育活动的深远影响，渗透着千百年来海南人民对苏轼的深情爱戴。

东坡书院

苏轼在儋州开设学堂——儋州学府，以此传道授业解惑，不遗余力地播撒中原文化，使儋州地区"书声琅琅，弦歌四起"，一时成为当时海南的文化中心。经过苏轼的悉心培养，饱学之士纷纷涌现，如海南历史上第一个举人姜唐佐。

且说苏轼开设学馆之初，并无一人登门求学，苏轼只得亲自访求贤才。经过多方打听，终于得知有一位名叫姜唐佐的琼山青年，满腹才学。于是，苏轼便骑毛驴前往。来到姜唐佐的家中，不巧赶上姜唐佐外出。苏轼在姜家稍坐片刻，看到墙上挂有姜唐佐的一幅山水画，苏轼提起笔，在画中云朵处画了一轮初升的朝阳，在一个小土堆上写下一个"皮"字，在空白处画下一根竹子，一个农人正拿刀将竹管劈开。画完之后，苏轼骑驴而归。姜唐佐归来，看到画作，经过一番思索他恍然大悟：朝阳所在的位置是东，土堆与"皮"字结合正是"坡"字，而农人拿刀劈开竹管正是"开馆"之意，合起来的意思便是"东坡开馆"。姜唐佐一阵欣喜，第二天便收拾行囊去苏轼居所。来到苏轼门前，姜唐佐也想考一考这位久负盛名的大文豪，于是他在纸上写下了"庚作没帅"四个字让仆人转交苏轼，并叮嘱说只要在每个字上略加改动便能知晓其意。苏轼看到纸条，在每个字上稍加改动，那四个字便是"唐佐投师"，方知是姜唐佐前来，欣然邀姜唐佐进门。

经过一番切磋，苏轼收下了姜唐佐。但半年后，姜唐佐因母病重返家。临行前，他请苏东坡题诗留念。苏东坡想：琼州、儋州都是荒僻之地，自古以来的读书人，至今还未有一个登科及第之士。为了鼓励姜唐佐，苏东坡便在纸扇上题下"沧海何曾断地脉，白袍端合破天荒"，并对姜唐佐承诺等他中举之后再续写。姜唐佐果然没有辜负苏轼的厚望，一举登第，

苏轼诗二首

儋　耳	别海南黎民表
霹雳收威暮雨开，独凭栏槛倚崔嵬。	我本海南民，寄生西蜀州。
垂天雌霓云端下，快意雄风海上来。	忽然跨海去，譬如事远游。
野老已歌丰岁语，除书欲放逐臣回。	平生生死梦，三者无劣优。
残年饱饭东坡老，一壑能专万事灰。	知君不再见，欲去且少留。

冯其庸画东坡桄榔庵

成为海南第一位举人。但此时苏轼已经遇赦北归，姜唐佐失落地回到琼山继续发愤苦读。后来，他在北上参加会考时遇到苏轼的弟弟苏辙，得知苏轼已经去世，苏辙续写完了亡兄的诗作"沧海何曾断地脉，白袍端合破天荒。锦衣他日千人看，始信东坡眼力长"，为文坛留下了一段千古佳话。

苏轼在海南共居住了不满三年时光，却对海南的历史进程和风俗习惯产生了深远的影响。苏轼离琼之后的千百年来，当地人仍喜爱吟诗作对，东坡文化绵延不绝。苏轼将文化的甘露抛洒在海南，润泽了海南，犹如一位提灯人照亮了海南的茫茫文化黑夜。

🔻 东坡书院一景

↑ 东坡书院一景

千古血脉

公元1100年，苏轼获得赦免，得以重归故土，就此诀别了海南，也结束了他的贬谪生涯。遥想苏轼被贬海南，极大地影响了当地的文化发展。苏轼曾留诗："心似已灰之木，身如不系之舟。问汝平生功业，黄州惠州儋州。"由此可见，南海生涯在苏轼心中的分量。当苏轼从南海的滩头重返时，留给历史的是一段抹不去的记忆。

南海与苏轼结缘，如今，这缘分的种子早已长成参天大树，荫蔽着后世人。对于苏轼来说，南海接纳了他，也接纳了他所带来的一切，包含那硕果累累的文化影响。对于南海而言，因为与苏轼的一次美丽邂逅，也就缔结了一条坚韧的纽带，连接起蔚蓝的大海与辽阔的大陆，从古至今，血脉相通，生生不息。

海浪奔涌的南海，风姿绰约的海南岛，因为镌刻了苏轼的足迹，存留了古时迁客的记忆，不仅实现了与泱泱中华文化上的接壤和一脉相承，也更加夯实了这片海域在中华民族历史长河中坚不可摧的璀璨印迹。

↑ 苏东坡像

天涯织女——黄道婆

纵观波澜壮阔的南海历史，不乏杰出女性的身影往来穿梭，其中就有家喻户晓的黄道婆。黄道婆并非南海人士，却与南海结下了不解之缘。穿过历史风雨编织的帘幕，一个传奇女子踽踽独行的身影若隐若现。

流落黎家学真技

750年前的一个清晨，黄浦江边，一艘商船即将起锚出海。此时，一位蓬头垢面、衣衫褴褛的年轻女子，从藏身的船舱里走出。女子跪在船主面前，苦苦哀求船主把她带到海南一带。船主面露难色，他从未遇到过这样的事情。细细盘问之后，船主得知了这位女子的身世。

此女正是18岁的黄道婆。黄道婆出生在兵荒马乱的岁月，正值南宋和元更替之际，山河破碎，百姓生活惨不忍睹。为了活命，黄道婆自小便被卖做了有田人家的童养媳，但吃苦耐劳的她依然逃不开婆婆和丈夫的毒打。逃上商船的前一天，黄道婆还在地里劳作，回家之后因为太疲乏便睡着了。婆婆和丈夫见黄道婆没有做晚饭，不由分说对黄道婆又是一顿毒打。黄道婆被锁进了柴房。伤痕累累的她独坐柴房。尽管饥肠辘辘，但她心里却燃烧着一团火。她再也不想忍受这无边的痛苦，于是，她决计逃脱。半夜里，她从房顶破洞逃了出来，直奔黄浦江边，躲进商船舱底，这才有了开头的一幕。

黄道婆，又名黄婆、黄母。宋末元初杰出的棉纺织家。松江府乌泥泾镇（今上海市华泾镇）人。在清代，被尊为布业始祖，受到百姓的敬仰。

黄道婆手工纺织

其实，除了生活处境的逼迫之外，黄道婆的心里还有一个梦，那就是南下学习棉纺技术。黄道婆的家乡松江一带已广泛种植了棉花，在这个棉花产区，棉花纺织技术已被当地妇女所掌握。黄道婆自幼心灵手巧，已经积累了一定的纺织知识与技巧：剥棉籽，敏捷利索；弹棉絮，蓬松干净；卷棉条，松紧适用；纺棉纱，又细又快；织棉布，纹均边直。而她自己是那么喜欢纺织，每当她沉浸在纺织之中，就可以忘记自己的不幸遭遇，获得片刻的欢愉。随着纺织技术的熟练，一些问题也随即出现：用手指给棉花去籽速度太慢，弹棉絮的小弓非常不实用……这些问题始终萦绕在黄道婆的心头。直到有一天，她看到从闽广运来的海南岛黎族同胞织出的色泽光鲜、质地紧密的布匹，不由产生了一种敬慕向往之情：有生之年，如果能南下学艺，那该有多好。

黎族学艺

老船主得知黄道婆的身世，也清楚了她学艺的志向，对她既同情又敬重，便答应带她同行。就这样，黄道婆作别故乡乌泥径随船南下，最后抵达崖州（位于今三亚市内）。她被当地的棉纺技术折服，便栖身在海南。就此，黄道婆以道观为家，受到黎族人民的关照，她与黎族同胞一同生活、共同劳动。当时，黎族人民生产的黎单、黎饰远近闻名，棉纺织技术先进。黄道婆勤奋好学，虚心向黎族同胞学习纺织技术。她融合黎汉两族人民纺织技术的长处，逐渐成为一位出色的纺织能手，在当地备受欢迎。黄道婆在海南生活了近30年，她从黎族同胞那里学会了运用制棉工具和织崖州被的方法，终于成为一位技艺精湛的棉纺织家。

🔅 做童养媳的黄道婆

⬆ 黎族织黎锦

回乡传艺

时光如同黄道婆手中的织布梭飞逝着，转眼间到了13世纪末，元已取代南宋。统治者为了巩固其政权，大力恢复和鼓励生产，江南的经济逐渐好转，人民的生活相对稳定下来。流落在海南的黄道婆从未忘记对家乡的思念，她日夜记挂着家乡棉纺的各种困难，牵挂着家乡父老的生活。为了将毕生所学造福家乡，黄道婆依依惜别了黎族同胞，踏上了返归故里的路途。

回到阔别已久的家乡乌泥径，眼前已经物是人非，但黄道婆受到了乡亲们的欢迎。黄道婆一安顿下来就马上投身于棉纺织业的传艺、改良和创新活动之中。她不辞辛劳，倾尽所学，热心地向乡亲们传授黎族先进的织棉技术。同时，她还努力创新，将黎族的先进经验与上海的生产实践结合起来，对棉纺织工具与技术进行了全面的改革，制造了新的擀、弹、纺、织工具，改变了上海棉纺业的旧面貌。

黄道婆回乡几年后，松江、太仓和苏杭等地都传用她的新法，以致有"松郡棉布，衣被天下"的美誉。她去世后，为感念她的恩德，上海群众为她兴立祠庙，其中就有规模宏大的先棉祠。每年四月黄道婆的诞辰，人们接踵而来诚心拜祭，场面热闹非凡。现今，更有大量的影视、舞台剧不断演绎着黄道婆的故事。

衣被天下美名传

栖居海南岛，黄道婆依靠勤劳的双手维持生活。她纺织的崖州被手艺精湛，图纹鲜艳，四方皆晓。一天，一位当地头人登门道："黄道婆，你要在三天之内，给我织出最美的崖州被，我要贡献给皇帝。"黄道婆没有当面拒绝，只说道："好吧，请明天来取。"当天晚上，她织出一床崖州被，染上了植物颜料，看上去美艳极了。第二天，头人依约而来，看见了美丽的崖州被，很是满意，得意洋洋地离开了。回到家里，他大摆酒席，宴请各村头人，夸耀自己的贡品，想象着皇帝定能重赏，自此可以飞黄腾达。第二天醒来，当头人从橱中取出崖州被时，他大吃一惊，美丽的崖州被变成了一床粗黑布。他气得咬牙切齿，命人马上把黄道婆抓来处死，但黄道婆早已出逃。原来，黄道婆有意捉弄他，把容易变色的植物染料染到崖州被上，当天看十分鲜艳美丽，隔天却变成了黑色。黄道婆知道头人一定不会放过她，在黎族姐妹的帮助下逃进五指山腹地去了……为人耿直的黄道婆不向权贵摧眉折腰，在海南留下了许多家喻户晓的故事。

黄道婆纪念馆

孟子道："故天将降大任于是人也，必先苦其心志，劳其筋骨，饿其体肤，空乏其身，行拂乱其所为，所以动心忍性，曾益其所不能。"黄道婆承载着历史的重任，将江南和海南两地织布技艺的精华交汇融合，让南海的声声涛吟和长江的阵阵浪歌在她手里尽情编织，织成连绵不绝的锦布铺展开来，使得"天下寒士俱欢颜"！

🔽 黄道婆纪念馆

留取丹心照汗青——文天祥

辽阔的南海，广东珠江口，有这样一处海域，名字颇具诗意——零丁洋。这片海域曾长期孤寂无名，直到有一天，一位岭南名士写下了绝笔之作《过零丁洋》，才使得这片海域声名在外。虽然世事无尽变迁，但留在零丁洋里的叹惋与哀歌依然没有散去，反而聚结起来，让人魂牵梦绕想去触摸那个桀骜不屈的灵魂，希望在沙石海礁之间，获得与逝者对话的允许与可能。

破碎山河的坚守者

尽管时间已经冲刷了历史的痛楚，但碰到文天祥的名字时，相信，难免还有一种刺痛隐隐发作。无尽的叹惋只为这位忠贞不渝的臣子，高尚的民族气节在他的身上得到了灿烂的诠释。

文天祥生逢乱世。南宋时期，蒙古铁骑逐鹿中原，攻城略地，所向披靡，南宋抵抗了40余年。文天祥的一生，也与这场壮烈的民族存亡抗击战争相缠绕。文天祥出生于吉州庐陵的书香门第，自幼受到熏陶，可谓博古通今，且他自小就一身正气。有一天，他来到吉州的学宫瞻仰先贤遗像，看到欧阳修、胡铨等家乡人物的遗像肃穆陈列，他由衷地佩服，也暗自立下誓言：要做一位受人尊敬的人。

为了践诺誓言、实现梦想，文天祥发奋图强、英勇报国。当时朝廷权奸当道，面对蒙古铁骑的入侵，有主张投降者，有建议迁都者，而文天祥始终坚持正义忠心，虽几经宦海沉浮，不改其报效国家的初衷。当南宋王朝处于生死存亡之际，他甚至变卖家产，组织义军，举兵抗击蒙古铁骑。

那是1275年的9月，蒙古铁骑分两路进攻南宋，南宋朝廷岌岌可危。各地宋军将官在铁骑压境时纷纷叛变，

文天祥（1236-1283），字宋瑞、履善，号文山，吉州庐陵（今江西吉安）人。南宋杰出的民族英雄和爱国诗人，著有《文山乐府》、《文山全集》等，流传后世的名篇有《正气歌》、《过零丁洋》等。

众多城池相继失陷，南宋兵败如山倒。文天祥响应朝廷号召，召集兵马，起兵勤王。他征募义勇之士，筹集粮饷，并捐出全部家财作军费，把母亲和家人送到弟弟处赡养。文天祥几经奋战，却抵挡不住朝廷中朽吏横行；南宋皇帝无能，亦在无奈之下投降。皇帝投降后，文天祥被派往元军阵营谈判，与元相伯颜抗争，被元军拘留。降将吕师孟挖苦文天祥："丞相你曾经上书请斩叛逆遗孽吕师孟，现在为什么不杀了我呢？"文天祥毫不客气地斥责他："你叔侄都做了降将，没有杀死你们，是本朝失刑。你无耻苟活，有什么面目见人？你们投靠敌人，要杀我很容易，但却成全我当了朝廷的忠臣，我没有什么可害怕的！"听了这话，吕师孟佩服文天祥的气概并说："骂得痛快！"

文天祥在被押往元大都的路上逃脱，历经艰辛，到达福州，仍然担任右丞相，后改授枢密使，统督诸路军马。几经辗转，文天祥领兵由江西入广东，在潮阳一带阻击元军，岭南地区留下了他顽强抗击的事迹。1278年冬，文天祥败退至广东海丰五坡岭吃午饭时，不幸遭袭被俘，他吞药自尽未果，被元军押往崖山。在那里，南宋历史最悲壮的一幕即将上演。

在南宋王朝山河破碎之际，文天祥依然在南海地区坚持抗元，转战汀州、漳州、龙岩、梅州等地，陆续收复了一些失地，但一人之力终究还是抵挡不住蒙古铁骑，被俘的处境也为这段历史增添了许多厚重的悲壮色彩。

凛然正气化日星

也许冥冥之中，零丁洋在沉寂中已经等待了很久，等待着和一位英雄一起载入史册。在那首千古绝唱完笔之后，我们依稀还能听见700年前的金戈铁马之声，掺杂着一位末世之臣声嘶力竭的呐喊。

1279年正月，元军用战船将文天祥押送至零丁洋，元军将领张弘范派人请文天祥写信招降，文天祥义正词严坚拒写招降书，却写下了举世闻名的七言律诗《过零丁洋》以明心迹。当张弘范读到"人生自古谁无死，留取丹心照汗青"两句时，也忍不住受到感动。他暂时不再强逼文天祥了，而不远处，惨烈的崖山战役已拉开帷幕。

🔵 文天祥像

文天祥《正气歌》

崖山，地处珠三角腹地江门的新会。彼时，文天祥被押在元军船上观战，目睹了这场触目惊心、悲壮激烈的大海战的全过程。楼船顷刻化为乌有，宋军为了不使战舰落入元军之手，将数百艘战舰自行凿沉，然后前赴后继地跳进汪洋大海。战火连天，血雨腥风，无数生命的挣扎和痛楚的呐喊声中，一个王朝就此覆灭。目睹这一惨状的文天祥，其内心痛楚绝非言语可以表达。

崖山战役后，文天祥被押往广州。张弘范继续劝降他说："宋朝灭亡，忠孝之事已尽，即使杀身成仁，又有谁把这事写进国史？文丞相如愿转而效力大元，一定会受到重用。"文天祥答道："国亡不能救，作为臣子，死有余罪，怎能再怀二心？"为了使他投降，元军把他押送至元大都。

文天祥在狱中的生活异常艰苦，可是他强忍痛苦，写出了不少诗篇。《指南后录》第三卷、《正气歌》等气壮山河的不朽名作都是在狱中

写的。在被囚禁了3年之后，元世祖忽必烈亲自招降，但文天祥不肯下跪。面对封宰相和枢密使等大官这样的诱惑，文天祥不为所动，只求一死。1283年1月9日，兵马司监狱内外，布满了全副武装的卫兵，戒备森严。听说文天祥即将被处斩的消息后上万人自发地聚集在街头。从监狱到刑场，文天祥神态自若，举止安详。行刑前，文天祥问明了方向，随即向着南方拜了几拜。监斩官问："丞相有什么话要说？回奏尚可免死。"文天祥不再说话，引颈就戮，终年47岁。

1323年，在文天祥的家乡吉州，他的遗像挂在先贤堂，与欧阳修、胡铨等并列，实现了他幼年的誓言。吉州庐陵建立了文丞相忠烈祠，而文天祥的文集、传记也在民间流传很广，激励着民族的正气，历久不衰。

在脍炙人口的《正气歌》中，文天祥有如是之句："天地有正气，杂然赋流形。下则为河岳，上则为日星。"而文天祥身上彰显出来的傲然正气早已化作永恒的日星。文天祥是从岭南走出的一代骄子，兜兜转转又为南宋王朝驰骋岭南沙场。仕途显赫也好，蜚声文坛也罢，或戎马沙场，或挥毫泼墨，置身于博大的南海历史中，文天祥这个名字依然散发着历久弥新的气节芬芳。

🔽 文天祥纪念馆

南海武术扬天下——叶问与咏春文化

众多的武侠小说及影视作品都将一个人物不断幻化托举到我们的视野之内，这个人就是叶问。谈及叶问，那些与他相关的关键词便会接连飞出：咏春、武术、一代宗师等等，不一而足。接下来的故事是属于叶问的，而叶问的故事是属于南海的。

研习咏春得神韵

佛山无疑是充满传奇色彩的。作为岭南的武术之乡，早在叶问之前，黄飞鸿、梁赞等人已为佛山涂抹上了一份流光溢彩。这里的街巷屋宇，一砖一瓦，无不浸泡在武术带来的美名里。而叶问的到来，无疑让佛山更具备了一层浓厚的侠义风骨。

1893年10月，佛山桑园叶族一名男婴呱呱坠地，嘹亮的啼哭声预示着他将呈现给世人的不平凡一生。叶问7岁时便拜"咏春拳王"梁赞的高徒陈华顺为师学习咏春拳。陈华顺对叶问喜爱有加，自收叶问为徒后，便不再接受任何人拜门学技，叶问成为陈华顺的关门弟子。叶问自此专心练习拳技，到16岁时远离佛山，赴港求学外文。在此期间，他结识了梁赞次子梁璧，跟随他研习咏春拳近4年；梁璧也将其父拳法的精妙之处尽传给了叶问，使得他的武技突飞猛进。

叶问（1893–1972），本名叶继问，是广州佛山的大族富家子弟。在咏春拳术方面有极深的造诣，武德人品堪称楷模，咏春拳派同仁一致推崇他为"一代宗师"。

自1924年至1949年的25年里，叶问都在佛山从事军警教拳和私人教拳工作，常与武术界切磋交流，汲取众家精华，叶问的拳艺达到炉火纯青的境界。

1938年，日军攻占佛山，叶问的过人功夫早被日本宪兵队闻悉，他们想邀请叶问担任宪兵队的中国武术指导，被叶问拒绝。于是，日军派武术高手与叶问比武，声称如果叶问被打败就要听从日军差使。叶问在无法拒绝的情况下，只好接受比武。对垒时刻，叶问摆出咏春桩手，二字钳羊马，目视对方，一言不发。对方抢先出手，以箭标马进攻。叶问即变前锋的桩手为耕手，耕去对方箭，并同时转身跪马，拿正对方前腿之后膝位，迫使对方突然失去重心。对方已是败相毕露，叶问也及时收马，一声承让，跳出比武场地。真是高手过招，点到为止。事后，叶问在众人的掩护下离去，而这场比武由于时间极短，被人戏称为"不到一分钟"。叶问的勇武及时扼杀了日本侵略者的诡计，也更加凸显了他的民族正义感。

↑ 叶问与李小龙

传播咏春荫千秋

一代宗师的命运犹如浮萍，并未在故土之上得以终止，而是在香港芳香四溢。1950年，叶问离别生活了40余年的佛山，抵达香港。不久，他就在港九饭店职工总会内传授咏春拳术，从而一举成名。后来，他又在九龙汝州街、李郑屋村、通菜街等地设馆授徒，其徒弟包括总会及分会的会员、港九各地的中国工人，还涵盖了在港的外国留学生，可见招纳范围之广。叶问为人谦逊，对弟子的教学也颇具风格。他注重对弟子的选择，重视入门者的基本功训练，量材而教，鼓励弟子博采众家之长，而不是狭隘地局限于一个门派之内，可见其豁达胸襟。

1971年，叶问在弟子协助下成立了"咏春体育会"和"叶问国术总会"，集教授、研究、交流咏春拳术于一体，奠定了咏春拳传播、发展的基础。一直以来，咏春拳都只有少数传人。叶问在港苦心经营20余年，才使得这一情况得以改观。经过苦心努力，叶问门下人才辈出，如梁相、叶步青、招允、李小龙、骆耀、徐尚田、黄惇梁、何金铭等一班杰出弟子。

拜师梁璧

关于叶问和梁璧的邂逅还有一个故事。当时，在外国人眼里，中国人是东亚病夫，外国人欺凌中国人的事情时有发生。有一次，七八个外国海员当街欺辱妇女，一向喜欢打抱不平的叶问上前制止，与七八个外国大汉对战，可惜叶问的力量过于单薄，不到几个回合就落了下风。就在此时，一个青年人大喊一声，拨开围观的人群，与叶问一同合战外国大汉，最终打得外国人落荒而逃。拔刀相助的青年人正是梁赞之子梁璧，叶问当即拜其为师，得以有缘继续深造咏春拳技。转眼过了三年时光，叶问因得到梁璧指点，使得咏春拳技神韵俱佳。

特别是凭着非凡的中国功夫扬威世界的李小龙，20世纪60年代，赴美国发展，创办"振藩国术馆"，逐步成名，通过电影作品使得咏春拳的影响辐射到世界各地。

叶问的影响并非一时一地，而是亘古流长。在叶问的手中，咏春拳法也已不再是一套简单的武术动作，而是化作一种博大的文化。叶问一生致力普及和弘扬国粹，在他之后，他的弟子梁挺、儿子叶准等人都继承他的遗志，推广咏春文化。目前，叶准及其门徒在世界60多个国家组织有咏春拳会近3000家。梁挺1973年创办国际咏春总会，至今已在60多个国家设立机构，开了4000多间咏春武馆。他们在继承与推广咏春文化的同时，也为咏春文化注入了更多的生机。

↑ 一代宗师叶问铜像

叶问在咏春拳术方面有极深的造诣，对咏春拳术的发展作出了杰出的贡献，他的武德品格亦堪称楷模。叶问逝世后，咏春门人一致推崇他为咏春派"一代宗师"，而咏春拳的起源与发展也一致被认定为"起于严咏春，衍于梁赞，盛于叶问"！

佛山这座武术之城饱经风吹雨打，犹如一座古老而精美的舞台，从舞台之下流转而过的千载春秋，观望着舞台之上各领风骚的武术大师，那一勾一划的拳脚坚韧又不乏柔美，岭南文化的味道由此缓缓弥漫着……

李小龙雕像

海上贸易的群体映像——南海商帮

历史的门槛上，端坐着这样一个群体——南海商帮。当内陆的商人赶着骆驼、马匹行色匆匆赶往某个异域，南海的商人们已经悬挂起船头的帆布，拔起那沉重的铁锚，向着心仪已久的目的地出发。商人们传播着中国文化，带来外界的新奇。在南海的卷册上，南海商帮勾勒的是一幅色彩驳杂的风景画，在兴衰荣辱过后化作了南海特有的标记。当一代人从商品经济这一窗口向远处眺望，依稀还能看见那些肩负着历史纤绳不断跋涉的开路者。

落英缤纷的南海商帮

在南海，零散的海上贸易古已有之，但其影响力并不能激起多少涟漪。明清时期，星星点点的贸易主体逐渐聚拢起来，连接成一个集团异军突起。南海商帮的崛起原因众多，归纳起来不外乎两个大方面：一是外界的条件适宜，欧洲殖民者的到来打开了商品经济的甬道；二是内部土壤的成熟，当时两广的农业达到鼎盛，为商品贸易铺垫下基础，统治者颁布的一些法令条例，无不催发了南海商帮的形成。顺应天时、地利，广州商帮、潮州帮、客家帮蔚然成型，而他们也就构成了南海商帮的三大主体，形成了南海商帮"帮内有帮"的格局。

闻名遐迩的广州帮人员包括祖籍为广州府地区的商人、两广地区使用粤方言的商人，以及外省长年累月在广州经商的人，地域范围涵盖广州、佛山、番禺等地。广州帮活跃在越南、马来西亚等东南亚国家和日本、美国等地，可见其影响甚广。广州帮的代表——十三行，又称洋货行、洋行、外洋行、洋货十三行，设立于广州，是清代经营对外贸易的专业商行，曾经盛极一时。广州十三行，是18世纪全球最大、最富有、最具影响力的商帮。

潮州帮仅次于广州帮，是籍贯为潮州、说潮州话的海阳、潮阳等地的商人群体。潮州帮商人具有冒险与开拓精神，内部凝聚力强，东南亚地区是他们的主要活动范围。

"火吻"十三行

十三行自成立起到消亡屡遭大火。

第一次大火发生在1822年，一家饼店失火殃及十三行。大火连续烧了两日，十三行损失惨重，独有5家洋行幸免。

第二次是第一次鸦片战争之后，英国士兵在洋行前中国人开的水果店抢水果，还用刀将店主划伤，激起了广州市民的愤慨。半夜，民众火烧英国商馆，殃及了十三行，官府派兵前往救火，被群众掷来的石头阻截，十三行严重受损。

第三次是第二次鸦片战争期间，驻扎在十三行附近的英军，为阻止中国军民对外国商馆的袭击，拆毁了十三行地区周围大片民居，留下一片空地以防止中国军民的偷袭。但痛恨侵略者的广州民众在拆毁的房屋旧址上点火，火势顷刻蔓延至十三行外国商馆区，除一栋房子幸存外，全部化为灰烬。十三行商馆区从此辉煌不再。

客家帮是广东东北嘉应的大埔、程乡和惠州府、潮州府等地居住的商人群体，他们使用的是客家方言，所以称之为客家帮。客家帮商人远渡重洋，足迹至印度尼西亚、新加坡等地，从事海外贸易。

被收藏的画像

潘启和他的同文行是当年瑞典在广州最重要的合作伙伴，瑞典"哥德堡"号商船曾到广州与潘启进行交易，潘启把自己的玻璃画像送给关系友好的瑞典商人。至今，潘启的画像还保留在瑞典哥德堡市博物馆里。这是欧洲所有博物馆中珍藏的唯一一幅中国人画像。

南海商帮是特殊的历史时代催发的一朵花冠，吞吐着南海这一地域的涛声，也传达着一代商人拼搏的心声。他们将中国文化之风吹遍南海邻国，又推波助澜至全世界。东南亚各国的饮食起居以及建筑风格都染上了浓郁的中国味道，至今越南等国还留存着南海商帮建立的会馆。迈过几个世纪的门槛，南海商帮的影响已经扎根，并牢牢贯穿于异域的泥土之中。

散落尘世的商人故事

南海商帮显赫一时，其中，广州商帮中的两位人物潘启与伍秉鉴具有极强的代表性和典型性。当我们捡拾起那些散落在尘世的故事，就可以打量出一代商人兴衰荣辱背后的几许沧桑。

潘启，又名潘振承，出生于福建龙溪的农民家庭，幼年家境贫寒，13岁辍学，到海边给人当船工，慢慢磨炼成为一名优秀的舵手，为远航经商打下基础。潘启富有冒险精神，曾搏击风浪，冒着被海盗抢劫的危险，先后三次驾船南下吕宋经商，贩卖茶叶、丝绸、瓷器等物品给英国、

🔻 中华会馆

西班牙、葡萄牙等国商人，获利丰厚，由此积攒了他人生的第一桶金。潘启善于学习，在吕宋期间，向贸易对象学习语言，在通晓了多国语言的同时也积累了一定的人脉。后来，潘启离开故乡福建，抵达广州，在十三行做事。经历一番坎坷的潘启，在28岁时开设了自己的洋行——同文行。潘启经商注重诚信，外国商人称他为"最可信赖的商人"，是"行商中最有信用之唯一人物"，故而许多外商喜欢与潘启进行贸易往来，他的贸易越做越大。同文行获得了跨国垄断贸易的特权，潘启逐渐成为广州洋商翘楚。1760年，潘启被清政府选为广州十三行商总，直到1788年去世。

⬆ 商行一景

2001年，美国《华尔街日报》评选了1000年来世界上最富有的50人，有6名中国人入选，伍秉鉴榜上有名。

说起伍秉鉴，与潘启还有一定的渊源。他们祖籍同为福建泉州，且伍秉鉴的父亲伍国莹曾在潘启家中做过账房。1783年，伍国莹开设了洋行。1801年，32岁的伍秉鉴从父亲手中接过了洋行，伍家的事业也开始迅速崛起，伍秉鉴成为广州行商的领头人——总商。伍秉鉴是个商业奇才，他经营怡和行时，与欧美各国的重要客户都建立了紧密联系。他本人既是中国封建社会的官商，又懂得依靠西方商人的贸易获得财富。他的商行在当时同外商联系最为紧密，贸易活动左右逢源。1834年以前，伍家与英商和美商每年的贸易额达数百万两白银，伍秉鉴还是东印度公司的最大债权人。伍秉鉴在当时的西方商界知名度极高，一些西方学者称他是"天下第一大富翁"。伍秉鉴死后，富甲天下的广州十三行开始走向没落。

⬆ 伍秉鉴

一个地域的文化与经济总是有着天然的联系，文化的范畴里似乎胶着了经济的成分，经济的领域里自然也沾染着文化的气息，有时，经济和文化的分水岭并不是那么分明。南海商帮是一个经济群体，在一定意义上也是一个文化群体，他们在追赶经济利益的同时也撒下了文化的种子，飘落在世界各地，南海商帮的历史分量由此可见一斑。

瞩目海洋的革命家——孙中山

夕阳扯远古旧的风帆，浪潮拍打疲倦的海岸，先人遗留的痕迹被南海昼夜吞吐，仿佛在经历了长久的咀嚼之后，历史的潮头纷纷后退，为一位坚毅的革命家让出路来。每逢看到孙中山这个名字，一场场反抗黑暗的革命便纷纷推挤到我们眼前。革命之于孙中山，正如宝刀之于勇士一样，几乎成了他固有的符号和象征。除了用革命的眼光来打量孙中山，高瞻远瞩的海洋思想又为我们认识这位革命家打开了新的视窗。

投身民主革命的先驱者

1866年的清王朝，早已不复它创立之初的那般霸气与威武，紫禁城的雕梁画栋中都散发着难以抵挡的腐朽之气，行将就木的清政府让中国具象为列强刀俎上的鱼肉，任人宰割。自1840年的鸦片战争起，中国就陷入了被凌辱与瓜分的陷阱中，一系列丧权辱国的条约，一次次割地赔款的屈辱，让19世纪末的黑夜仿佛更黑了。在伸手不见五指的黑暗中，人们祈盼着曙光的到来。

1866年1月12日，孙中山出生，犹如一抹星光照亮了他的故乡广东省香山县翠亨村的上空。在这一天，这个不起眼的小村庄开始挤进历史舞台，享誉海内外。南海之畔可谓人杰地灵，而孙中山的降生，则为南海增添了一份猎猎的革命色彩。孙中山生于贫农之家，又生逢乱世，他自幼品尝了乡间的困苦生活，体会了百姓的千般苦楚，故而生就了坚毅的性格。1878年，孙中山随母亲乘船前往夏威夷檀香山，有机会在教会学校里学习了五年。对于这段经历，他曾如是回忆道："十三岁随母往夏威夷岛，始见轮舟之奇，沧海之阔，至是有慕西学之心，穷天地之想。"五年的异域生活让孙中山有机会领略到新鲜的社会风情，也让他得以接触到西方近代教育和思想，更给予了他另一种意义上的启蒙。

1885年，耗时两年的中法战争结束，软弱无能的清政府让本来可以取胜的战争以失败告终，并且在妥协中签订了不平等条约。眼见羸弱的清政府将国家拖进不见天日的深渊，孙中山萌发了以政治改良挽救国家的想法。1894年，28岁的孙中山上书李鸿章，提出"人能尽其才，地能尽其利，物能尽其用，货能畅其流"的改革主张，但未被李鸿章接纳。遭受改良救国思想的幻灭后，孙中山毅然选择了以暴力推翻清政府的道路。

1894年11月，孙中山在檀香山组建兴中会，宣誓"驱除鞑虏，恢复中华，创立合众政府"。其后，孙中山因密谋广州起义未成不得不流亡海外，开始了长达16年的游历，美国、英国、法国、日本等国家都留下了他的足迹。在这些地方孙中山一方面在华侨中宣传革命，一方面详细考察了各国的政治与经济状况，学习了多种政治学说。寰宇之大让他大开眼界，与身后那个欲将倾圮的清王朝相比，西方的日新月异让孙中山深感革命的必要性和迫切性，各种落差与悬殊时刻刺痛着他那颗忧国忧民的心。1905年8月，孙中山在日本东京创建了资产阶级革命党中国同盟会，提出了"驱除鞑虏，恢复中华，创立民国，平均地权"的革命纲领，并首次提出了"民族、民权、民生"的三民主义。从1907年开始，孙中山领导革命党人积极活动，先后发动了黄冈起义、广州新军起义、黄花岗起义等十次武装起义，这些起义在清政府的统治内部撕裂了一个个突围的罅隙，也为即将到来的辛亥革命打开了豁口。

　　长久的革命准备是地底酝酿的火山，愤怒的岩浆需要尽情喷吐。1911年10月10日，武昌起义爆发了。听到这一消息，身在美国的孙中山激动不已，他立即在欧美各国开展活动，筹措资金和政治援助，并于同年12月返回上海。及至1911年12月29日，孙中山被推举为中华民国临时大总统，长达2000多年的君主专制就此宣告终结。辛亥革命这一场轰轰烈烈的资产阶级革命，使得民主共和的种子埋在人们心里，由此更掀起了大规模的反帝反封建斗争。而孙中山的名字，也赫然留在史册上，成为抹不去的民族记忆。

　　尽管不久之后辛亥革命的果实被袁世凯窃取，但孙中山仍坚持斗争，他以广州为基地，发动了二次革命，护法运动，撰写《建国方略》、《建国大纲》等著述。之后，他还接受了共产国际的帮助，确定了"联俄、联共、扶助农工"的三大政策，又在三民主义中充实了反帝、反封建

孙中山（1866–1925），原名孙文，字载之，号逸仙等，祖籍广东东莞上安镇。伟大的近代民主革命家，中国国民党创始人，三民主义的倡导者。高举反封建的旗帜。1905年成立中国同盟会，1911年发动武昌起义，领导辛亥革命推翻了2000多年的封建帝制，被推举为中华民国临时大总统。1940年，国民政府通令全国，尊其为"中华民国国父"。

⬆ 兴中会旧址

天下為公

孫文

民偉先生存

的内容，形成了新的三民主义，并促成了第一次国共合作。1925年3月12日，孙中山在北京逝世，一代革命家的生命就此画上句号，但他的革命影响却远没有结束。

战地黄花分外香，曾经尸骨累累的花城广州如今不动声色地端坐在南海的岸上，保管着一代代革命志士的不屈理想。孙中山之前，参与社会改良变法的仁人志士层出不穷，在一定的程度上，孙中山把近代仁人志士的努力化为一场场具体的起义，让曾经徒呼奈何的感叹终于化为一次次翻江倒海的革命。在这样的意义上，孙中山犹如一位时代的弄潮儿，让革命思想的经络在历史的卷册上逐一呈现。

情系广袤海洋的政治家

人们熟知孙中山，是因为他与近代革命的种种瓜葛。而他那些高瞻远瞩的海洋思想和海洋构想，对大多数人来说却是陌生的一角。翻阅孙中山遗留的著述，关于海洋的种种构想如同一座美丽的花园，在南海边兀自芬芳。

近代中国的海洋意识在一点点觉醒，孙中山是较早的醒悟者之一。这与他的人生经历有着莫大的联系。他亲眼目睹了列强从海上侵略欺侮中国的屈辱历史，又有跨越大洋游历各国的丰富阅历，由此他开始了细致的思考与研究。通览《建国方略》、《建国大纲》等著述，不难发现，孙中山拥有博大的海洋思想体系，这一体系由海权思想、海洋国防建设的思想和海洋经济建设三股思想汇流而成，其中处于核心地位的是海权思想。

在海权方面，孙中山极力倡导抵御列强侵略，收回被列强抢走的海权；意欲着力于海军建设，强化原本松弛不堪的海防；提倡海洋实业，争夺中国自己的海洋权益。他用政治家犀利敏锐的眼光洞察到海权对国家的重要意义，故而提出了著名的言论："自世界大势变迁，国力之盛衰强弱，常在海而不在陆，其海上权力优胜者，其国力常占优胜。"为捍卫海权，他提出要巩固海防，重视海军建设。孙中山发现清政府对于海防与海军的忽视，致使海军疲弱和海防松弛，为此他任命黄钟瑛为中华民国临时政府海军总长兼海军总司令，并将海军建设列为国防之首，在《十年国防计划》中提出了海军建设的具体内容。为捍卫海权，他又提出了海南建省的设想，他从海南的地理位置、海防地位和军事价值等反面进行了透彻的分析，指出了海南建省的历史意义。

孙中山早就发现，对海权的坚守，必须有雄厚的经济为支撑，故而他极为重视发展海洋实业。他在《实业计划》中提出了建设东方、北方、南方三大世界级海港的设想。孙中山的出生地广东外临南海，内拥珠江，河运和海运发达，拥有许多天然良港，如广州港、黄埔港等，这也使得孙中山能有机会接近港口，并对这些港口的建设进行规划。他尤其对广州港夸赞备至，故而他便立意以广州港为"南方大港"的中心，建立密集的南方港群。在三大世界级海港之外，孙中山还提出了建立二、三等

⬆ 广州孙中山纪念堂

港以及渔业港。至此，从北到南，中国18000千米的漫长海岸线将被贯穿起来，它们既可以成为对外交流的门户，也可以成为保卫国门的蜿蜒城墙。

对于海洋权益的坚守以及海港建设的设计蓝图，足以见出孙中山作为一名政治家的深谋远虑。然而，这些睿智的海洋构想却写满了悲情，在当时饱受嘲讽，被诽为异想天开，只能变成一个无奈的手执，指向未来，饱含着无限的期许。不过，历史是最好的验证者，当初他的种种构想正在今天的中国一一实践着……

时光荏苒，历史的边边角角早已模糊不清，孙中山的形象却愈发鲜明，这位近代中国的弄潮儿，曾经徜徉于碧海大洋间，经历过欧风美雨的洗礼，一点点勾画着他心目中理想中国的模样。海涛漫卷，那曾经意气风发的弄潮儿已走入时代的烟幕中，将无边的革命理想和社会蓝图赠予后人，留给历史一个值得仰望的高度。

长夜中的探索者——闻一多

　　文人墨客、忠臣英烈……无数风流人物携带着自己的故事走过南海，他们有的是南海出生的骄子，有的是匆匆忙忙的过客，却无一不在南海的历史长河中留下鲜活的印迹。在这熙熙攘攘的人群中，诗人闻一多显得有些突兀。然而每一个读过《七子之歌》的人，都会被诗歌刺骨的悲怆牵引，仿佛有一只孤雁在遍体鳞伤的国土上久久哀鸣，应和着南海的海潮声、浪花声。生逢乱世，再无清净地，这位桀骜的诗人选择用心灵吟唱着动人的语句，在南海的沙滩上留下一串串诗歌的脚印……

死水微澜中的歌者

　　1923年，留学美国的闻一多挥笔写下了诗歌《红烛》，他大声疾呼道："红烛啊，既制了，便烧着！烧吧，烧吧，烧破世人的梦，烧沸世人的血——也救出他们的灵魂，也捣破他们的监狱。"这支迎风燃烧的红烛就是诗人那爱国的赤子心，从此之后，诗人便在红烛火光的照耀下，摸索着个人情感和国家命运的出路。可以说，《红烛》确定了闻一多的创作之路——将诗歌的艺术手法与爱国的主题紧密衔接在一起。

　　因此，闻一多此后的诗句，既是心灵之弦的绝响，也是国家命运的真实写照。1925年，闻一多从美国返回中国，不到三年的留学生活，他饱尝了异国的歧视与凌辱，难言的辛酸堆积在心头，对祖国的思念日夜在胸中翻滚。他已经在脑海中无数次虚构着祖国的形象，然而，当诗人走下轮船，急切地投入祖国母亲的怀抱时，迎接他的却是一个"百病缠身"的国家：军阀混战、帝国主义胡作非为，这个在异国无数次呼唤的祖国母亲惨遭蹂躏。巨大的痛苦和愤恨在闻一多的心里煮沸，于是，脍炙人口的《死水》便宣泄

闻一多（1899-1946），原名闻家骅，诗人、学者，中国现代伟大的爱国主义者，坚定的民主战士，中国民主同盟早期领导人，中国共产党的挚友，曾留学美国学习文学、美术。著有诗集《红烛》、《死水》等，其作品主要收录在《闻一多全集》中。

而出："这是一沟绝望的死水，春风吹不起半点漪沦。不如多扔些破铜烂铁，爽性泼你的剩菜残羹。……这是一沟绝望的死水，这里断不是美的所在，不如让给丑恶来开垦，看他造出个什么世界。"

借助《死水》和《祈祷》，我们走近闻一多，在这些带有体温的文字中感受一位爱国诗人坚毅倔强的形象。而追逐他的文脉和足迹，是为了更加清楚地知晓这位看似柔弱的诗人缘何会写出传唱不衰的《七子之歌》。

诉歌诉怀痛哭"七子"

让我们将眼光再一次投射在历史身上，只要熟稔近代中国的历史，便会感受到中国所经历的那一次次剐肉剔骨之痛。

1842年8月，第一次鸦片战争结束，清政府卑躬屈膝，与英国签署了中国近代史上第一份不平等条约——中英《南京条约》，中国把香港岛割让给英国，从此，一场瓜分中国的盛宴开始了。1860年，第二次鸦片战争结束，一纸《北京条约》让英国割走了九龙半岛南端；1887年，《中葡和好通商条约》，让葡萄牙从清政府手中劫走了澳门；1895年，日本在《马关条约》中，将宝岛台湾纳入囊中，同时，俄罗斯也趁机租借了渤海畔的旅顺和大连；1898年，英国通过《展拓香港界址专条》，以租借名义，抢走了九龙半岛其余部分——"新界"；同年，威海卫在《订租威海卫专条》中被租借给英国25年；1899年，法国借《广州湾租借专条》租走了广州湾。至此，"七子"被列强从母土上一一剥离。

1900年，当南海停靠在20世纪初的门槛上歇息片刻时，闻一多惊讶地发现，中国已经被列强的魔爪肆意劫掠，香港、九龙岛、澳门、广州湾竟然已经成为别人的财产。一个个被撕裂的伤口汩汩流血，南海不知该往哪里诉说悲苦。不久，一位爱国诗人在远方用文字替他痛苦哀嚎：

我好比凤阙阶前守夜的黄豹，母亲呀，我身份虽微，地位险要。如今狞恶的海狮扑在我身上，啖着我的骨肉，咽着我的脂膏；母亲呀，我哭泣号啕，呼你不应。母亲呀，快让我躲入你的怀抱！母亲！我要回来，母亲！（《香港》）

你可知"妈港"不是我的真名姓？我离开你的襁褓太久了，母亲！但是他们掳去的是我的肉体，你依然保管着我内心的灵魂。三百年来梦寐不忘的生母啊！请叫儿的乳名，叫我一声"澳门"！母亲！我要回来，母亲！（《澳门》）

东海和硇洲岛是我的一双管钥，我是神州后门上的一把铁锁。你为什么把我借给一个盗贼？母亲呀，你千万不该抛弃了我！母亲，让我快回到你的膝前来，我要紧紧地拥抱着你的脚踝。母亲！我要回来，母亲！（《广州湾》）

我的胞兄香港在诉他的苦痛，母亲呀，可记得你的幼女九龙？自从我下嫁给那镇海的魔王，我何曾有一天不在泪涛汹涌！母亲，我天天数着归宁的吉日，我只怕希望要变作一场空梦。母亲！我要回来，母亲！（《九龙岛》）

闻一多如同南海的知音，他用诗歌这把素雅的琴，来安抚着南海的痛楚。抛却艺术手法上的魅力，单就文字的力量，就足以刺破每一个人的胸膛，诗人让自己化身为被掳走的孩子，捶胸顿足，奋力挣扎，想要摆脱一切欺辱和束缚回到母亲的怀抱。这些和着血泪写就的诗句把感情一一打穿了，多少凄婉与不舍，多少苦楚与呻吟，闻一多把丧子之痛和渴望回家的感情描摹得那般清晰、刻骨。

这就是闻一多，这就是一位爱国诗人用文字展现给我们的血泪历史。尽管他没有亲临过这些被掳走的国土，但诗歌中却闪现着一颗中国人可贵的良心。铁肩担道义，妙手著文章。闻一多本是一介书生，他以笔为斧，凿开沉闷的铁屋子，借助诗歌的嘴巴倾吐着满怀的民族忧患，他不仅在抱笔辑录内心的才思，更为一个民族的历史存照。

1946年夏，闻一多在发表了著名的《最后一次演讲》后，惨遭国民党特务的暗杀。神州儿女，无不悲泣。所幸，记忆终究是无法磨灭的，历史走走停停，却总能在破败的街巷间，瞥见一个振臂疾呼的瘦弱文人，用嘶哑的嗓音呼号着满腔爱国的愤恨。这便是诗歌的力量，这便是民族精神的力量。

↑ 一多楼

碧海之上有青天——海瑞

岁月浮沉，流年如洗。船桨划破故事的水域，历久弥醇的往事抖落满身的苔痕，捧给世人一段回味悠长的记忆。当海瑞——这个家喻户晓的名字被高高抛起在南海上空，无数激越的浪花一派欢腾。鸟儿衔起流芳百世的故事，飞向更深更远的海域，阵阵馥郁的芬芳渲染开去，如同一朵永不凋落的花。片片浪花的喧涌，朵朵云团的聚散，竞相化作海瑞那执著笃定的锋芒。他那甘于贫困、坚持操守的信念，他那刚正廉洁、秉公执法的美谈，汇聚成浩荡南海的不老海魂……

刚正不阿的人臣典范

历史在忽明忽灭的光阴中游走，时光的重量压在南海的肩上，让那恣意奔涌的海洋拼构出变幻不一的图案。海南岛，如同一叶承载故事的扁舟，飘摇在南海的碧波白浪中。1514年，伴随着瞬息万变的海浪，海瑞在琼山降生。

海瑞自幼攻读诗书，博学多才。海瑞四岁时，父亡，在母亲的精心哺育下成长。海瑞的母亲和孟母一样贤良，她十分注重孩子的教育，即使家道清贫，她也严格要求海瑞苦读《孝经》、《尚书》、《中庸》等圣贤书，儒家的道德观和价值观被种植在海瑞心中。母亲的影响和儒家观念的熏陶，使得海瑞从小就立誓日后如若做官，就一定要做一个刚正不阿的好官，他自号"刚峰"，就是要勉励自己做人要刚强正直，不畏邪恶。勤奋的学习和远大的志向，促成了海瑞的中举。1549年，海瑞以一篇洋洋洒洒的《治黎策》高中举人。

海瑞（1514-1587），明代著名政治家。海南琼山人。历史上著名的清官，后人称其为"海青天"，与宋代包拯齐名。其生平事迹在民间广为传颂，成为戏曲节目的重要内容。

中举后不久，海瑞便开始了他颠沛的仕途生活。1558年，海瑞被提升到浙江淳安县任知县。固有的道德操守和人生信条外化为他耿直刚正的外部形象。在淳安任内，海瑞政绩卓越，他真正苦民所苦，注重减轻农民负担，整顿社会治安，兴修水利，作出了许多为民称道的贡献。

1564年，海瑞被调入京城，任户部主事。当时，明王朝实际正趋于衰落，官吏贪污腐败，百姓苦不堪言，鞑靼、倭寇侵扰不断，内忧外患交相焚煮。可是，明世宗自1541年开始，长达20余年不理朝政，全然不顾国家安危和百姓生死，只知一心求拜方士，求长生不老之术。对此情景，耿直的海瑞不顾个人安危，于1566年2月，写下了历史上著名的奏疏，名为《直言天下第一事疏》，又称《治安疏》。他批判皇帝不分是非曲直，并力陈自己的施政建议。海瑞深知此举无疑是冒了天下之大不韪，他在上疏后，便买下一口棺材，作别妻子，遣散家中童仆，做好了必死的准备。果然，皇帝看到此疏勃然大怒，将海瑞定为死罪。但皇帝在细读海瑞的上疏时，知道海瑞所言不无道理，一时没有立即处决海瑞。所幸，1566年，明世宗病死，新帝穆宗即位后，海瑞得以释放，官复原职，后又调任大理寺寺丞，专管平反冤狱。在此期间，海瑞一如既往地惩治贪官污吏，打击豪强，疏通河道，修筑水利，深受百姓的拥戴，遂有"海青天"之誉。然而，以海瑞的刚直，难免会得罪一些同僚和上司，不久，他因受到排挤，被革去职位，在家闲居16年之久，直到1585年才被重新启用。海瑞调往南京任职后，仍是不遗余力地打击贪官污吏，禁止徇私受贿。1587年，海瑞病死于南京。

当海南岛迎接海瑞灵柩归来的时刻，南海的浪花在澎湃的激流中敲打着悼念的悲曲，当这位一生清廉、刚正不阿的臣子长眠于故乡怀抱的那一刻，海南岛这叶扁舟捧着他的故事，驶向后世……

海瑞雕像

久经传诵的人世故事

海瑞一生清廉公正的经历，是他人生信条的深刻写照，也是百姓推崇他、怀念他的深刻缘由。海瑞死后，人们对他的悼念没有随着岁月的流逝而消失，反而愈发鲜明起来，街间巷陌，无数说书人在编构着海瑞的传奇，历史与传说杂糅纠葛，海瑞的故事在民间流传、生长、繁荣，一发而不可收。

海瑞在淳安任职时，曾有一些智斗权贵的故事为百姓称道。其中一件便是严惩恶霸胡衙内。当时，海瑞的上司浙江总督胡宗宪是权相严嵩的党羽。每当胡宗宪出

↑ 海公祠

巡时，便会敲诈盘剥百姓。胡宗宪还公开扬言要节约驿费，减少百姓负担，其实这不过是他巧立名目进行敲诈勒索的伎俩而已，百姓对此有苦难言。胡宗宪的儿子胡衙内更是依仗父亲权势，整日横行霸道。有一天，胡衙内带领随从路过淳安，驿站的招待有些简朴，胡衙内竟将驿吏吊起来重重责打。海瑞听了，怒不可遏，很想收拾一下这个为非作歹的恶徒，思来想去，他定下了一条妙计。他命人将胡衙内抓起来痛打一顿，还没收了他剥夺来的所有银两。随后，海瑞修书一封，连同胡衙内一起捆绑着送给胡宗宪。信中说：此人冒充总督的公子，到处招摇撞骗，敲诈勒索，违反了大人您关于驿费从简、体恤百姓的规定，实在是败坏大人的名声。为维护大人的清誉，本县已经对他施与惩罚，现将犯人押送到大人府上，听候大人发落。对此情景，胡宗宪奈何海瑞不得，只能打碎牙往肚子里咽。淳安百姓闻听此事，无不拍手称快。

朝代更迭，物是人非，海瑞的故事经文人墨客加工整理，或编成了著名的长篇公案小说《海公大红袍》、《海公小红袍》等，或编成戏剧《海瑞》、《海瑞罢官》、《海瑞上疏》等。如今，海瑞被搬上荧幕，他的传奇故事在影视作品中不断被演绎。人们根据海瑞的生平故事，添加进许多美好的想象，艺术的加工处理让海瑞的形象更加鲜明清朗地站立在南海之上。

碧海之上，青天之下，海瑞的故事被人们津津乐道。浪花舞动时间，不知疲倦的南海浪涛为那个已经远去的海瑞镀上了一层层古旧的色泽。每一个追寻海瑞踪迹的人，在海风中听一段秉公断案的故事，在海浪的画纸上，图构着一个刚毅正直、清廉公正的海瑞形象。这个矗立于天海之间的清官，寄托的是世人对于为政者清廉公正的无尽企盼。

南海名士风情画

　　碧海蓝天，椰林沙滩，南海的印象恰似一个翻滚着的巨浪扑面而来，席卷过多少旧日时光的气息。当前方的浪头刚刚触及沙滩，就有后面的浪潮蜂拥而至。江山代有才人出，各领风骚数百年。时势造就的英雄与名士，留下多少悲喜交加的欢歌和酣畅淋漓的情怀，铺设下一幅幅绚丽多彩的风景画卷。

　　浪潮翻滚，逝者已矣，南海人物那闪光的南海精神、南海风骨以及南海品格在时间的磨砺下描画出完美的形象，像蜗牛爬过后留下的银亮足迹，牵引着后来者秉承先辈不老的信念继续前行。帆已缓缓拉上桅杆，锚已慢慢露出水面，一个值得追寻的明天等待人们破浪远航……

詹天佑（1861—1919）

　　生于广东南海。中国近代铁路工程专家。1905~1909年主持修建我国自建的第一条铁路——京张铁路（北京—张家口），被称为"中国铁路之父"和"中国近代工程之父"。

康有为（1858—1927）

　　广东南海人，人称"康南海"。近代著名政治家、思想家、社会改革家、书法家和学者。倡导"公车上书"，促成"戊戌变法"，推动了近代中国历史进程。

梁启超（1873—1929）

　　广东新会人，近代史上著名的思想家、文学家、学者。戊戌变法（百日维新）领袖之一，曾倡导文体改良的"诗界革命"和"小说界革命"。

南海那些事儿

02

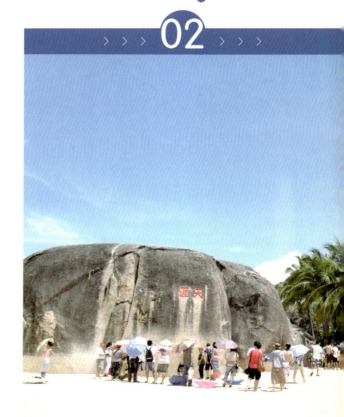

　　南海之滨，渔人日出而作，日落而息，千古悠长。盈盈一水间，流光碎影中，古老的生活方式渐次生长，成就了特色鲜明的南海习俗。南海人围绕海洋主题，采用各式各样的元素，着衣，筑居，祭祀。这一举一动，延展出淳朴的风俗民情，勾画出渔家牧歌的温馨图景。饮食起居展现着无限风光，节日与信仰折射出睿智想象。当我们静观南海，趣话桑麻，早有渔家女子携手成群，穿戴别具风格的服饰，手捧各种特色美食，在南海凭栏凝望的等待中，盛邀人们一一品尝。

海风习习，衣袂飘飞

　　习俗是一条古老的韧带，从源头处穿针引线，连缀起绚丽多姿的风情，织补出地域文化的华彩锦服。在南海，经由纤纤素手的剪裁与缝制，服饰显得清灵雅致，熨帖之中略带飘逸。某种程度上，服饰已不仅仅是衣衫，而是感知文化温度的一条线索。南海人在继承传统和大胆创新之间的取舍与揣度，无不通过服饰尽情表达。

黎族筒裙

　　对于海南岛来说，身着筒裙的黎族女子无疑是一道亮丽的风景线。筒裙是黎族女子最钟爱的衣着，保持了浓郁的民族风味。所谓筒裙，就是裙头裙脚同样宽窄，无褶无缝，状似布筒，因而得名。根据筒裙长短，分为长筒和短筒。长筒裙古朴端庄，短筒裙色彩艳丽，底色一般只有黑和蓝两种。筒裙上，女子们用彩色丝线织出花鸟鱼虫等精美图案，寄托了自己美好的想象与祝愿。筒裙之上有时也穿插补缀云母片、羽毛、贝壳、流苏等饰物，碰撞有声。每逢喜庆的节日，黎族姑娘身穿筒裙，搭配彩色头巾和绣边襟上衣，愈发显得光艳活泼，翩翩起舞之时恰如一道道风雨之后的彩虹。与其说筒裙是一件衣服，倒不如说是一件艺术品，它展示着一个民族别具匠心的智慧。

⬆ 黎族筒裙

　　适应海南气候，筒裙可以散热，行动起来也非常便捷。当然，长、短筒各有所长：长筒裙用途花样繁多，可当被子、背物或婴儿的吊兜式摇篮；短筒裙则适合山区黎族女子翻山越岭和劳作。筒裙的设计是黎族人民适应生活环境和生活方式的一种新颖创造。

潮州水布

　　话说唐代，潮州韩江里的放排工，既要扛杉木，又要编扎杉排，一会儿跳下水，一会儿又爬上水面。他们的衣服干了又湿，湿了又干，常常落得肚痛病和风湿病。于是，他们便索性光着身子，赤裸做工。这下可羞煞了每天到江边洗衣挑水的妇女，实在是有伤风化。妇女

黎族饰佩

五色衣

们告到官府那里，官府只好交代放排工穿上衣服。适逢韩愈被贬，来到潮州，他对这件事有所耳闻。于是，他前去江边查看，对于放排工的尴尬处境极为同情。回来之后，韩愈细细思量许久，便叫人到江里通知放排工，绞排、放排时可以不穿衣服，只需在腰间扎块布，能遮羞就好。这块布后来就成了放排工和当地农民皆宜的水布，也就是潮州水布。

经过后世的改造，潮州水布已不再只是一块遮羞的腰带，这个长2米，宽40厘米左右，用小花格土布做成的简单布块，已成为人民生活的得力助手。它既可束腰聚力，又可洗脸擦身，还可当头巾、围巾或用来捆扎包裹物品，真是妙用无穷。

水布已成为潮汕人的一个标志，包括梅县、丰顺、海丰、陆丰等地的农民，都喜欢扎一条水腰带。如果说黎族女子的筒裙体现了爱美之心，那么素朴的潮州水布则是出于劳作的考虑。水布背后的故事，诉说着往昔浓浓的民情。

摇曳五色衣

《汉书·王吉纪》载："百里而异习，千里而殊俗，户异政，人殊服。"同在海南，黎族女子喜穿筒裙，但儋州沿海地区的女子却喜好五色衣。上衣选用的五种颜色是天蓝、浅青、粉红、嫩黄、浅灰；上衣没有衣领，在腋下开襟系扣，袖口较小，衣服紧身，衣身短小，长度仅到肚脐的部位。或许是为填补这一空缺，女子们会在腰间系挂银链子，上面悬挂宝葫芦银牌，一把银剑和一把关刀，可以说"武装"齐备。不过，这些饰物是用来辟邪护身的，上面一般会刻有"保佑平安"的字样。五色衣往往配搭着大筒裤。如此装扮之下，女子们显得更加俊俏、高挑，摇曳多姿。

服饰可以说话，此言不虚。南海之地的女子们"以古老部落的银饰，约束柔软的腰肢"，用服饰来表情达意，在沉默中迎接每一天的到来，在劳作中度过漫长的时光。服饰也许只是一小事，但却隐含着南海人适应海洋生活环境时的一种审美创新。

服饰装扮了美丽的南海女子，也为朴实勤劳的南海男子增添了不少光彩。当然，无论服饰多么华丽夺目，或是多么朴实无名，也只是人的外衣，衣饰之内的心灵光芒亦即南海人民的勤劳、淳朴、善良的品格，才使得那些服饰的故事在时光之河里静静流淌，传向远方。

翩翩薯莨衫

古时，当人们为布匹染色发愁之时，色彩鲜艳的植物必然成为染色材料的首选。南海人民在熬红薯莨胶汁时，无意间发现了这种珍贵的颜料，用这种颜料将布匹浆染成红褐色，制成著名的薯莨衫。薯莨衫是南海渔民喜爱的衣着，流行于福建和广东，后传入台湾、广西、海南等地。

薯莨衫的兴起和流行与海滨捕鱼密切相关。下海捕鱼时，渔人的衣着妨碍他们劳作。薯莨衫不易渗水，干爽透气，结实耐用，又能很好地抵挡阳光辐射。薯莨衫衣扣设计是斜襟布纽，纽扣不易被网绳刮落，对于海面上暴露在日光下捕鱼的渔民来说，还有什么衣服能比凉爽透气、安全系数高的薯莨衫更为合适呢！

海南斗笠

海南人常戴斗笠遮阳避雨，斗笠极为重要。舞剧《红色娘子军》中的歌曲就有"万泉河水清又清，我编斗笠送红军"的歌词。海南岛上的斗笠用竹条编就，样式精巧。归纳起来有三种：越南笠、罩笠和罩头坡笠。越南笠从越南传入，流行一时；罩笠制作精巧，用于遮阳和装饰；罩头坡笠较大，被戏称"坡笠能当锅盖，海南的一大怪"。

↑ 薯莨染布

以海为厨，美食飘香

千百年来，在我国的内陆与沿海，平原与丘陵，高山与湖泊，从高楼广厦和山间木屋中，炊烟袅袅，如同入云白鹤。人们洗手做羹汤，煎炒烹煮，形成了独特的饮食文化。凡有人居住之地，便有美味遍地飘香。作为海洋饮食文化的杰出代表，南海人在漫长的历史时光中以海为厨，各色海味珍品在南海人巧夺天工的双手下，成为人们唇齿留香的缠绵记忆，诱惑着八方来客争相品尝。

食在广东

拿到粤菜谱，细观一下，让人忍不住惊叹其取材的广博繁杂，数量竟多达数千种，涉及天上飞的、地上爬的、水中游的……被广东人纳入锅中烹出一道道珍馐美味。粤菜的烹调方法有20多种，烹饪技艺精良，不拘泥于固定的窠臼，注重花样翻新。在调料的搭配上，重点突出主题味道，以清、鲜、嫩、爽为主，菜品装饰风格变化多端，总能给人惊艳之感，由此成就了粤菜享誉海内外的名声。

粤菜的自成一格有着得天独厚的条件。广东濒临南海，雨量充沛，物产富饶，食物材料可随手拈来，烹制出个性鲜明的美味佳肴。粤菜又注重博采众家之长，其质感、口感冲击着人们的味蕾。

自秦汉以来，中原人不断

捕鱼

⤊ 鲍汁扣孖宝

⤊ 生炒芙蓉蟹

⤊ 小炒鱿鱼

进入广州，加上历代商贾贸易往来，四面八方的饮食文化在此汇聚，传统的烹饪技艺在不断的交流碰撞中，成就了粤菜博杂的美妙滋味。

广州菜、潮州菜和客家菜是粤菜的三大支系。潮州菜取料也十分丰富，大半取于海族，鱼、虾、蚌、蛤等一直是潮州菜的主料。相比之下，客家菜品海鲜并不多见，而是更接近中原味道，飘荡着浓郁的乡土风味。

广东沿海渔民世世代代靠海为生，在饮食上形成了独特的习俗和禁忌。在潮汕一带，渔民忌食跳上船来的鱼，认为吃了就会被龙王责怪，会遇到灾难；忌把筷横放在碗上，因为碗好比船，筷好比桅，桅杆横在船上好像桅倒下来，代表大不利；还有渔民船上的碗，洗后一般不能翻转过来，也是为了避开触及"翻船"的霉头。

粤菜不断发展、创新，菜品制作和饮食风俗已经不再仅仅是满足人们味觉上的享受，而是渐渐沉淀为一种独特的饮食文化，成为一支独领风骚的国粹奇葩。2010年，随着粤菜入选"岭南文化十大名片"，粤菜也理所当然地成为南海饮食文化的一个鲜亮标签。

广西美味

人们常说靠山吃山，靠海吃海。广西沿海、沿边的地理位置和浓郁的民族风情成就了广西独特的饮食品性。高山捧出野菌、野蔬、野珍以及乡鸭土鸡，北部湾海域送来蚝、蟹、对虾、鱿鱼等海味珍品，在烹调大师的手中被扣、炖、焖、酿、炒、炸，为南海餐桌端出了一道道以清甜、微辣、鲜香、脆嫩等口味为特色的桂菜。

桂菜颇有可圈可点之处，其刀功精细，制作考究，调味奇特多变，注重保持原料鲜活，在烹制过程中注重保留食材天然的营养品质。桂菜造型独特，菜品色、香、味、形俱全，在晶莹剔透中余韵悠长，可与其他经典菜系比肩。桂菜席面注重菜肴、点心与汤羹的合理搭配，构思细腻且充满雅趣，凸显出文化品位。

桂菜具有一定的历史文化内涵。秦汉以来，大批中原人南迁岭南，桂菜得以承接中原的饮食风尚。明清时期，外籍入桂官员带去的官府厨艺，也让桂菜从中受益。桂菜集各种饮食艺术之大成，保持传统风格，兼收并蓄了粤、赣、闽等地方菜系的特色，吸引了历代食客的目光。如今，桂菜不断吸纳新鲜的元素，开拓创新，使饮食习俗与地域古风一脉相承，延展着新的生命活力。

海南菜谱

海南岛四周环海，南海为海南岛提供了丰富而珍贵的海鲜资源，龙虾、基围虾、毛虾、石斑鱼、青衣鱼、红鱼等充实了海南的菜谱。亚热带气候滋润了海南岛多样的土壤，椰子、菠萝、芒果、木瓜等上百种热带水果比比皆是，山林之中收纳了众多的野味，极大地扩充了食物的疆域。海洋和陆地的物产使得海南的厨房做得得心应手。2000多年来，海南人以海陆给予的馈赠为底料，吸收中原餐饮特色，融入福建、广东等地的烹饪技艺，吸纳黎族和苗族的饮食习惯，采撷东南亚风味，形成了独具一格的饮食结构和饮食习惯。

文昌鸡、加积鸭、东山羊、和乐蟹是海南的四大名菜，有大家闺秀风范，吸引着往来游人流连驻足。四大名菜之外，海鲜是海南菜的主打。海南人在烹制美食的时候，力求原汁原味，崇尚朴实无华的自然风，而清淡爽利的口味正契合了炎热的气候。琼州椰子蟹、芒果汁淋虾、菠萝鸡、木瓜盅，每当这样的佳肴入口，人们的味蕾顿时苏醒，身边的炎热被一点点儿驱散。

海南有众多的风味小吃令人心驰神往，海南粉、海南粽、海南鸡饭、黎族竹筒饭、东山

文昌鸡

肉质滑嫩，皮薄骨酥，香味浓厚，肥而不腻，这便是海南四大名菜之首——文昌鸡的独特味道。文昌鸡的来历众说纷纭。

一说明代一位文昌人在朝为官，回京时带了几只鸡供奉皇上。皇帝品尝后赞不绝口："鸡出文化之乡，人杰地灵，文化昌盛，鸡亦香甜，真乃文昌鸡也！"文昌鸡由此得名，誉满天下。

又说清朝海南锦山一人在江浙做官，某年春节回乡探亲。离家之前，他到文昌拜访老学友。这位学友用正宗的文昌鸡款待他，还选了几只文昌鸡让他带去江浙，文昌鸡从此名闻天下。

不管文昌鸡渊源如何，现如今文昌鸡已风靡东南亚，在新加坡、马来西亚、泰国等地也都有文昌鸡的扑鼻香气。美食像一条质地柔滑的丝带，将南海周边的人们联系在一起。

文昌鸡

东山羊

竹筒菜

烙饼、苗族五色饭、椰丝糯米粑……名目繁多的美味小吃令人垂涎欲滴，更为椰岛增添了一份别样风情。

在繁华的街市，喧嚣的酒楼，一道道新鲜海味被端上餐桌，引发了食客们赞叹的惊呼，人们尽情饕餮，沉醉于南海的饮食文化当中。与此同时，某个偏远寂静的小渔村里，渔民们收起一天摊晒的鱼片，默默品味着生活的味道，那些传承自祖先的生活方式在他们手中坚忍地传播着……女人们拿出菜篮子，取出晚饭的食材开始熬煮，家族的味道，家庭的温馨，在一间窄窄的厨房里氤氲而起，古老的传统跟随油烟与水汽袅袅升腾。缥缈之间，南海的饮食文化源远流长……

🔱 和乐蟹

临海而居——南海房舍

　　街巷悠长，窗棂斑驳，青苔点点，渔人从岁月的拐角中走出，又从人群熙攘的目光里渐隐。鸡鸣清晨，日落黄昏，海潮澎湃，四时风雨不绝，房屋——这古老的背景沉默不语，收留多少故事写就了家族传说、族谱卷册。房屋是亲切的长者，笑纳悲欢离合。濒临浩瀚海洋，接受着海洋带来的风雨洗礼，使南海民居拔地而起，自成一格。一座座房舍，一个个村落，这便是南海人永远的家。

南海骑楼

　　漫步于广州的大街小巷，骑楼便会映入眼帘。骑楼依街而建，房屋临街一面建成走廊，各家皆是如此，连成一道长廊，墙面或窗楣处装饰丰富的花纹或浅浮雕，美观大方。骑楼形式多样，有仿哥特式、南洋式、古罗马券廊式、仿巴洛克式、现代式和中国传统式，等等。

↑ 骑楼

↑ 开平碉楼

世界文化遗产——开平碉楼

2007年6月28日，联合国教科文组织第31届世界遗产大会在新西兰基督城召开，"开平碉楼与村落"申报世界文化遗产项目顺利通过，被正式列入《世界遗产名录》，成为中国第35处世界文化遗产、广东省第1处世界文化遗产。

骑楼作为一种建筑组合，将房屋与街道巧妙衔接，形成整体通畅、遮阳避雨的步行空间。同时，人们也可在这一空间里品茗纳凉、开店经商。清代诗人王拭诗称"摩肩杂沓互追踪，曲直长廊路路通。绝好出门无碍雨，不须登履学坡翁"，盛赞骑楼的美妙及其生活功用。

不仅在广东，广西、海南等南海地区的大城小镇里也能见到骑楼的踪影。骑楼适合南海的地域条件，遮挡强烈的阳光，抵御连绵不绝的风雨，坦露出了南海居民的独具匠心和巧妙构思。

开平碉楼

广东侨乡开平进入人们的视野，举世瞩目的碉楼可以说功不可没。进入开平，田野上水塘、荷塘、草地错落，碉楼掩映其中，与南方传统土屋相映成趣。碉楼如繁星遍及城镇乡村，纵横数十千米，建筑风景连绵不绝。

开平碉楼鼎盛时期达3000余座，现存1833座，建筑精美，富丽堂皇，在国内乃至国际的乡土建筑中是罕见的建筑珍品。碉楼墙体四面都有枪眼，楼顶还建有瞭望台、探照灯和警报器等，以此防备匪盗。碉楼的顶部设计颇具美感，有的灵动飞跃，有的古朴典雅，构成了碉楼美轮美奂的面貌。

一座座碉楼，开辟出一条艺术长廊，见证水流潺潺的开平历史。开平自古地势低洼，河汊交横，每当遇到台风暴雨时节，洪涝灾害泛滥；再加上当时当地社会秩序混乱，常年匪患不断，因此，清初时就有乡民建筑碉楼，以此防涝防匪。20世纪二三十年代，随着局势的动荡，匪患愈发猖獗。当时旅居海外的华侨，回乡大兴土木，坚固而安全的碉楼遍地开花。华侨的异域经历让碉楼的建筑格调和装饰艺术自然而然地借鉴了古希腊、古罗马、欧洲及伊斯兰等风格，杂糅了中国传统文化，中西合璧，呈现了让人叹为观止的乡间景色，闪现着中外文化碰撞交流的火花。

海上"吉普赛人"——南海疍民

有一个族群/他们从遥远的百越走来/从荫蔽的丛林和茅房走来

踏浪南海/生系南海/他们的名字叫疍民

他们从惊涛骇浪中走来/夜以继日 年复一年/在波峰浪谷中播撒希望

又常常吞咽失望/在漩涡暗礁中 拾掇生活/又不时丢失生命……

浮家泛宅，云水为宿

海南，海滨风光如诗如画。随波荡漾的，不仅有闪耀的阳光，还有一个古老的族群，他们以波涛作枕，于海水之上筑起温暖的家。他们就是疍民，常被称作"水上人"、"水户"、"龙户"、"后船"、"连家船"。他们以船为家，泊居水面，因而被称作"海上吉普赛人"。他们以捕鱼、摆渡、运输、贩盐为生，水既是他们的家，也是他们的衣食父母。疍民的住所被称为"船屋"，通常每条船上居住一个家庭，老少几代都住在船上，上覆竹篾编织而成的船篷，船篷可以推移，可以折叠，为疍民遮风挡雨，十分便利。不过，这些船可不是各自为政，不相往来。它们通常聚集在一块，连接成片，纵横有序，便形成独具风格的渔村——"浮水乡"。临水而居，疍民自然喜爱洁净，不仅住船每天清洗，船板也都用桐油刷过，而且主、客都是赤足，从不穿鞋，在舱板上盘腿而坐，随性自然。时过境迁，如今许多疍民开始迁居陆地；即便如此，疍民与水仍然息息相关。水之魂，已然渗入疍民的血液之中。

⬇ 疍民的渔排

命运漂泊

云诡波谲，疍民的生活终究漂泊。与吉普赛人自发的流浪不同，他们的流浪是被迫，是放逐。关于疍民的来源，有人认为是古越民，有人认为是东晋卢循农民起义残部，还有人认

为是汉初闽越消亡后流落山海的遗民，加上各色政治难民构成的历史多元体。虽然众说纷纭，但是无一例外地认为疍民是被逐出陆地的难民。人类学家认为，疍家人是原居于陆地的汉人，秦朝时被官军所迫，逃到江、海、河上居住，自此世代传承。与客家人有些相似，疍民曾长期被排挤歧视。明朝开始，疍民便不与陆地居民通婚，不从事农耕生产。清朝时，更是不许读书，不许参加科举考试；雍正年间，才被准许与齐民同列甲户，但仍被视为贱民。直到民国初，疍民才与国民平等。新中国成立后，疍民彻底翻身，走上幸福的道路。

🔽 疍民船屋

疍民爱唱歌，也造就了富于音乐天赋的子民。现代著名音乐家冼星海就出生于澳门洋面的一个贫苦疍民家庭。自幼丧父的他常年跟随母亲出海打鱼。成名多年以后，冼星海还创作了歌曲《顶硬上》，纪念母亲当年的艰辛：

"顶硬上，鬼叫你穷，铁打心肝铜打肺，立实心肠去捱世。捱得好，发达早，老来叹番好，叹番好。"

🔵 疍民的服饰

歌声中的风俗

疍民从不踏上陆地，风俗自然与陆上风俗相去甚远，其中最引人关注的当属婚嫁。过去，疍民通常在群内联姻，始终不与陆上人通婚，同姓之间也不通婚。青年男女到了婚嫁年龄，在船艄放置花草作为讯号。《广东新语》即云："诸疍以艇为家，是曰疍家。其有男聘，则置盆草于艄；女未受聘，则置盆花于艄，以致媒妁。"待嫁之女家的花称作"报喜花"。媒人看到讯息，撮合介绍，经过合婚、订婚、聘婚、进茶、看日、完聘以及女方的回礼之后，婚约成立，并犒赏媒人。尘埃落定之后，婚礼开始前夕，新娘需要唱"哭嫁"歌，表达自己的离别心情以及新生活开始的忐忑之感；姐妹或者亲友在旁唱"半哭"歌（又称对叹歌），规劝新娘出嫁后要孝顺公婆，和睦相处。哭得越凶越吉利，因而有人竟能哭上三天三夜。迎娶当天凌晨，男方船只张灯结彩，边鸣放鞭炮，边由两名妇女唱《麻船歌》，逐渐靠近女方船只。女方船只也不示弱，由两位"好命妈"对歌，而亲友则将自家船只聚拢在旁凑热闹。船只靠近的时候，"好命妈"还要一边高举米筛，一边念叨吉祥话。男方船只到达之后，新娘的姐妹和弟兄各两人随新娘过船，称为送嫁。

从婚嫁习俗中不难发现，歌曲在疍民的生活中举足轻重。疍民居于海上，数船相遇、聚泊之时，或者劳作之余，便常对歌，曲调随意，并夹杂不少口语，且必为"一男一女，一唱一和"，既可排遣海上悠长岁月，又为海上生活增添了生气。可惜时至今日，外来文化的涌入，使年轻一代的文化价值取向发生了变化，其中传统渔歌咸水歌已经近乎失传，只有七八十岁的老人还会唱；纵使学校之中教授，也多了斧凿痕迹，浑然不复原本的清新自然。

海上艰难的生活环境，使疍民对自然的敬畏更重，宗教信仰更为深厚虔诚，祈求神灵保佑一帆风顺，平安

丰收。图腾崇拜、妈祖崇拜以及玄武崇拜是疍民主要的信仰。与此同时，疍民也多有禁忌，凡是对船不利的象征性动作和语言一概禁忌，比如船上不准穿鞋、餐具等不能倒覆放置、与"沉"同音的字眼不能说，等等。

　　此外，疍民的服饰别具风格，而且女子酷爱银器，往往手套银镯、脚套银环、颈套银圈，全身上下，银光闪烁，走起路来，叮当作响，颇具韵致。疍民女子还有别具一格的"汕尾髻"，上插一支银质篦牌以及重达一千克的其他银制饰物。怪不得西方人类学者称疍民妇女是亚洲最爱打扮的渔民。华丽的服饰和装扮彰显出疍民对生活的热爱。

金色节日——南海狂欢

南海人泛舟海上，享受着海洋的馈赠，感念着海洋的恩德，他们思量着用行动来报答海洋。于是，从零星的小欢庆开始，海洋节日初见端倪，经由不断地传承和接力，南海海洋文化节蔚然茁壮。人们尽情投入到南海狂欢之中，与海同庆，与浪共腾，延续着人海相依的不老神话。

南海端午节

香喷喷的粽子端上案，南海的端午节开始了。作为中华民族传统节日的端午节，承载了南海人悠远的记忆。在南海，吃粽子、洗龙水、赛龙舟等活动是渔民们的传统节日习俗。

每逢端午，南海渔民便开始忙着浸糯米、洗粽叶、包粽子，猪肉、咸蛋黄以及虾蟹等海味经过精心调和，被包裹进粽子里，成为口味独特的节日美食。清香的粽叶是人们包裹粽子的常用材料。除粽叶外，海南人还会采摘芭蕉叶包粽子，地方特色浓厚。粽子的个头和形状在不同的地区有所不同。海南的粽子一般个头较大，呈方锥形，重达250克，和广东个头纤小的粽子形成鲜明的对比。各地吃粽子的方式也各有讲究。海南人吃粽子有一个习俗，那就是打开一个粽子一定要吃完。如果粽子太大实在吃不了，要和别人分着吃，绝不能丢掉，否则会受到长辈的责怪。从粽子的制作到香粽的分享，每一道程序都仿佛一个古老的仪式，折射着南海2000多年的悠久文化积淀。

当南海人捧着粽子大快朵颐之时，一些极具地方特色的活动也纷纷登场。在海南，过端午有一项内容不容忽略，那就是洗龙水。洗龙水是海南的地方特色。对于屈原投江的举动，海南人发挥了美好的想象，认为屈原是做龙神去了，人们渴望能够得到龙神的庇护，故而在端午节这一天带着孩子到海边洗澡，海边一片欢腾。人们沉浸在沐浴中，自由嬉戏，把美好

🔺 端午节赛龙舟

的祝愿泼洗出来。海南人坚信，经过"龙水"洗浴的孩子会沾染龙神的吉利，在炎热的气候条件下可以不长疮痱，身体健康，茁壮成长。另外，传说用端午节的海水擦眼，可以明目祛除眼疾。

自古以来，在南海沿海地区，赛龙舟是端午的一大盛事。广东龙舟文化深厚，龙舟竞渡的历史悠久，其省会广州端午赛龙舟已有千年历史，并形成了个性化的龙舟节。明代以来，广州赛龙舟的活动多选在珠江入海口附近的海面进行。古时的广州龙舟比今天的龙舟高大很多，在样式上也相对复杂多变，雕刻精致、美观。古时的龙舟上还造有台阁，一只船可乘纳近百人，有摇旗者，有击鼓者，有划桨者……可以想见，每次激烈的龙舟角逐，舟上舟下百姓齐参与，场面必定十分壮观。

赛龙舟在海南也是一项长盛不衰的传统活动。端午时节，海南沿海、沿河居民都会举办龙舟竞渡活动。在海南一些地方的古城门洞内，仍保存有古时制作精美的龙舟，从它们的模样上人们似乎能够看见古人龙舟竞技的繁荣景象。海南海边渔民平时的龙舟制作要相对简易些，在小舢板的前端安装编扎的龙头，用彩带、彩纸装饰一下就可入水比赛了。

端午时节，南海的海滨，人们如约而至，龙舟一字排开，整装待发；水岸之上，观众翘首以盼。锣鼓喧天，船桨飞划，健儿们齐心协力，争先恐后，奋勇搏发，在海面掀起千层浪花。龙舟飞驰水面，扣人心弦，岸边人声鼎沸，呐喊助威，响彻云霄。端午的节日氛围登峰造极，人与海相联结化作一条飞腾的巨龙，古老的习俗与博大的海洋融为一体。而端午节一系列的庆祝活动，在龙舟竞技中升华成南海特有的、个性鲜明的传统民俗文化。

南海文化节

炎炎八月，骄阳似火，椰岛海南，人流如潮，彩旗招展。忽而鞭炮震天，一阵快意锣鼓声响，只见龙狮共舞，栩栩如生的龙头、狮头在鼓点声中向着大海频频鞠躬、行礼，表达着对海洋的尊重。鲤鱼灯表演紧跟其后，表演者身着艳装，翻腾着欢快的鱼灯，一举一动表达了渔民对大海的敬畏。接着出场的是祭出海仪式，在码头旁停靠的10艘大渔船已等待许久，当头船上主祭人在焚香、颂文等系列祭海仪式结束后，只听螺号声吹响，头船开始起锚，10艘渔船向着辽阔的海洋缓缓起航。

这热闹的场景便是南海传统文化节的开幕，地点在海南岛上的琼海潭门。开幕之后，重头戏渔业生产技能比赛登场，来自潭门14个村的代表队在水上抢收渔货、织网、夹海螺、串贝壳等传统生产技能方面一决高下，展现了南海古老的民俗文化和现代渔民的精神风貌。

潭门是我国赴西沙、中沙、南沙群岛进行远海捕捞的著名渔乡。渔民自古就有祭海民俗。每年中元节，渔民们都会张罗传统的节日，拜祭龙王和海神娘娘，祭船，送渔灯，祈求在新的一年里人船平安，大获丰收。久而久之，从民间土壤生长出的南海传统文化节，也就具有了历史古老、文化内涵丰富的质地。

南海在本地习俗的基础上，结合浓郁的渔乡风情和滨海旅游特色，打造出了缤纷的海洋文化节。除了南海传统文化节以外，三亚海洋文化节也是南海的一大盛事。第一届举办于2010年12月，海洋文化节内容主要包括海洋文化、海洋经济、美丽经济三大板块。海洋文化体现在海洋文化论坛、诗书画作品展等文化活动中；海洋经济通过举行海洋产品博览、国际游艇展、海洋旅游推介等活动来呈现；美丽经济则包含"海上丝绸之路"国际小姐形象大赛、文艺晚会等。如此看来，三亚海洋文化节综合性强，并富含深厚的文化品位，铺展开一道亮丽的海洋文化盛宴。正如活动主题歌《海洋之歌》所唱的那样，"南海这幅员辽阔的海洋国土，将不断托起中国驶向远方。"

🔵 海洋文化节

舒展开粽叶，包裹起端午的味道，牵引海洋的珍品入内，尖尖的粽子香气飘逸。孩子们咀嚼着历史的味道，站立于祖先曾劳作过的沙滩，观望遥远的大海。龙舟排在滩头，静静等待，向往无尽的海洋奥秘。节日的锣鼓忽然敲响，渔家的情意瞬间释放，激情顷刻点燃，欢乐汇聚成金色的海洋，呼应着那浩瀚的蓝色海域。在那一刻，南海便是一只永不停息的螺号，在海风中喧响着高昂的狂欢旋律。

🔺 龙抬头玩龙灯

儋州海头"二月二"

传说明代洪武年间，海丰提督钟大元帅奉皇命南征。他穷追海盗，在北部湾展开激战。忽然风雨袭来，海浪滔天，大元帅不幸葬身大海。农历二月初二，儋州海头的渔民在海滩上发现了一只大皮靴，原来是海浪把钟大元帅的皮靴送上岸来。没几天，蜥蜴挖了坑，斑鸠把皮靴拖下坑，蚂蚁搬沙埋住了皮靴，人们大感奇异，难道是钟大元帅（又称九天圣帝）显灵？如此传开之后，人们为了纪念钟大元帅为民除害的功勋，就在埋靴之地修起一座钟太祖陵墓，时常焚香叩头祈祷保佑，后又建立太祖庙，四时香火不断。

历经变迁，"二月二"成了海头渔民的民间传统节日，渔民齐聚海头，进行舞龙、舞狮、装台角、对歌等活动，夜晚则燃放花炮，共同欢庆。

蓝色图腾——南海信仰

险象环生的南海海域，波浪起伏不定，暗礁隐没出现，台风时常发作，掀起狂风巨浪，上演过多少船翻人亡的惨剧。每当一艘渔船出海，港湾之内，家人无限牵挂，万千祈盼望眼欲穿。渔人命运难测，在孤立无援中，不知该向谁发出求助的呼喊。对海洋的无限敬畏和崇拜，使得渔民不得不向居于空漠的海神寻求庇护。海神是南海人心中的蓝色图腾，也是他们传承不止的信仰。

南海海神

在我国古代神话传说《山海经》中，关于南海海神有这样的记载："南海渚中，有神，人面，珥两青蛇，践两青蛇，曰不廷胡余。"这位名叫"不廷胡余"的神人长相实在不能让人恭维：脸似人面，两耳缠绕着两条青蛇，脚下踩着两条青蛇。蛇这一形象的多次出现反映了古代南方沿海居民的图腾崇拜。长相怪异的"不廷胡余"是南海最早出现的海神，但在南海真正受到渔民认可的海神是南海龙王。

在海南岛三亚大小洞天风景区，背山面海的南海龙王别院内，安放着一座高一米九、重一吨的南海龙王铜像。龙王呈现人神合一的形象，朱发长须，身披龙纹战袍，穿戴鱼鳞金甲，手持宝剑，慈祥而威严。他就是自古以来被南海各族敬仰崇拜、被唐宋君王封为洪圣广利王的南海之神。除海南岛外，广东、广西沿海等地都建有南海龙王的庙宇，供人们拜祭许愿。

四面环海的海南岛，像是水中的一枚树叶无所傍依，出海捕鱼的人们便把祝祷寄托在了南海龙王身上。在他们的观念里，只有这位法力高强的王者才是他们

↑ 祭海

值得依靠和信赖的保护神。南海龙王既是一位调节阴阳、润济万物的正神，又是一位专门拯救灾难、保佑平安的善神。在海南，沿海村落都建有龙王庙，更有延续了千年的祭海传统。渔民出海生产之前，要举行多种多样的祭海活动，祈求航行顺利。到了二月二这样特殊的日子，人们不仅要洗海浴，更是要拜龙王，举行南海龙王暨南海祭祀典礼。海南苗族的民间祭祀活动，有每年农历正月十五、七月十五和八月十五跳招龙舞的习俗。举行祭祀仪式时，除设坛焚香、杀鸡宰猪外，还要由文、武大道公手持代表龙的长木剑、头戴龙帽、身穿绣有龙图案的长袍，带着小道公以舞蹈形式表演祭拜祖先招龙的各类动作，祈求龙神保佑丰衣足食、风调雨顺。

一些大规模的祭海大典，更是将人们对龙王的崇拜推向极致。每逢大典之日，海边人头攒动，熙攘阵阵。书写"祭海"大字的狼牙祭旗无比肃穆，各色幡旗在海风中猎猎作响，百人锣鼓队尽显磅礴气势。当祭海大典开始，主祭官燃香礼拜，供品依次放置，主祭官宣读祭文，演员翩翩起舞，表演祭祀舞曲。人们向南海鞠躬致意，向海中投撒五谷。最后，主祭官收集供品入瓶封装，上船行至固定地点投入海中。举办祭海大典已不仅仅是为了祝祷和祈福，更有弘扬海南民俗文化，呼吁人们热爱南海、保护海洋的重要内涵。

以海南岛为代表的南海之滨，人们将龙王崇拜具象化、生活化。南海龙王已经融入海南人的血液。这种根深蒂固的崇拜，是靠海为生的渔民们祈求风调雨顺、健康平安的永恒信念。

🔵 拜妈祖

妈祖崇拜

与南海海神一样，妈祖也是南海民间崇敬的神祇。妈祖本名林默，原本是北宋时福建湄洲人。她生前积德行善，曾驾船出海，救父寻兄。林默在28岁离世，为感念她生前的功德，且又有许多她在海上显灵救难的传说，后人便在湄洲岛上建庙祭祀她，尊称林默为妈祖。当地沿海渔民虔诚拜祭，不绝如缕，妈祖信仰由此生成。

以海南为例。在海南，妈祖信仰历史悠久。早在宋元时期，妈祖信仰就随着福建、广东等地商人传至海南岛。商人们乘船渡海而来，立庙拜祭妈祖。他们的这种行为深深地影响了当地居民，让妈祖信仰荡漾开来。人们在南海海滨兴建了大批的妈祖庙、天后宫，定期举行祭奠活动。据史料记载，元代时海南岛建有妈祖庙5座。明清时期，妈祖信仰在海南盛行，增加了42座；数量最多的是文昌县，有11座，其次是万宁，有7座。近代以来，海南岛上的妈祖庙已有100多座。建在海口中山路的天后宫，是海南年代最为久远、保存较完整的妈祖庙宇，时至今日已有700多年的历史。临高调楼镇的妈祖庙，是海南岛最高大的一座纪念妈祖的庙宇。它临海而建，有着300多年的历史，出海捕鱼的人们，总是到这里焚香跪拜，祈祷出海平

南海神庙

南海神庙坐落在广州黄埔区庙头村，是我国古代东南西北四大海神庙中唯一留存下来的建筑遗物，供奉南海海神之———祝融，创建于隋开皇十四年（594年），距今已有1400多年的历史。自隋唐以来，南海神庙就是历代帝王祭祀海神的场所。渔民扬帆出海时，就会在南海神庙举行盛大的祭祀仪式，祈求海神福泽众生。

妈祖庙

安、满载而归。这些栉风沐雨的妈祖庙，千百年来默默在此，见证着妈祖信仰在南海的悠悠历史。

斗转星移，沧海桑田，妈祖信仰已融入南海人民的血脉。南海渔民出海航行之前必拜妈祖，渔船之上也多供奉妈祖神像。南海沿海村镇经常有祭拜妈祖的祭典，特别是每年农历的三月廿三妈祖诞辰日和九月初九妈祖升天日祭典更为隆重。无论是官方，还是民间，有关妈祖的信仰和各种祭奠仪式，已经发展成为一种妈祖文化，融入人们的世俗生活中。

当然，信仰的坚守随着时代的发展也会被注入许多新鲜元素，广州的南沙妈祖文化旅游节是妈祖信仰发展的典范，各种民间艺术表演，如醒狮、舞龙、粤曲、民乐等大众喜闻乐见的艺术形式，为妈祖信仰增添了一份独特魅力，吸引了不少慕名而来的游客。在一定意义上，这种大规模的妈祖文化节既实现了妈祖信仰的传播，又能让后人更多地了解妈祖，秉承古老的传统海洋信仰，代代相传。

香火缭绕，又临传统节日，朴实的渔民捧出家中最为珍贵的祭品，拜祭静穆的龙王，许下点点凡俗的愿望；海风猎猎，渔船即将起航，年老的渔妇跪拜在妈祖神像之前，合并苍老的手掌，穷尽一生的祝祷，依然满怀执著的虔诚。龙王和妈祖在这里饷食人间烟火，庇护着泛海谋生的芸芸众生。而南海的信仰历经千年岁月，依然年轻，如同大海本身那蓝色的模样。

➡ 妈祖像

值得珍藏的南海风俗画

斜阳向晚，渔舟归航，点点白帆汇入海港。白日的劳作暂得缓息，收束起一天的光阴，南海即将沉入酣睡的梦乡。万丈星空对望海洋，在永恒中依然能铭记一些不同凡响的景象。

穿上鲜艳的衣衫，佩戴闪光的饰品，南海女子巧手织网；迎着云霞，伫立海上，南海渔民搏击风浪。美味的佳肴随风流转，房舍的容貌进入家族影像，习俗的欢歌不停唱响，古老的信仰依旧苍凉。当最初的先民承载重托漂流南洋，故乡的影子镌刻在灵魂之内，随着岁月的波涛隐隐震荡。

南海的每一处礁石都保留着一些不灭的印迹，饮食起居的故事是最值得珍藏的珍贵画卷。有一天，当一双稚嫩的双手摊开这幅画卷，他依旧能够感受祖先的脉搏与心跳。回望先民筚路蓝缕，披荆斩棘，把命运交付信仰之手，蝼蚁般生存，草芥般消逝，唯剩隐忍不发的痛楚慢慢窖藏。往事历历在目，后世子孙喟叹之余，当肩负起古老的使命与操守，在这片蔚蓝海域继续辉煌……

竹竿舞

竹竿舞又称跳柴、跳竹竿，原是海南黎族一种古老的祭祀方式。数百年前，人们在山坡上点燃篝火，跳起竹竿舞，竹竿叮咚有声，以此庆祝稻谷丰登，祝愿来年有更好收成。如今它已成为一种带有民族文化色彩的活动，竹竿为青年男女架起"鹊桥"，搭起他们的姻缘。

黎族纹面

纹面在黎语叫"打登"，也称为"开面"，海南汉语叫"绣面"或"书面"，是黎家人的一种传统习俗，有专门的仪式。长到12岁的黎族女孩必须绣面文身，否则生时无法出嫁，死后祖先也不会相认。文身部位包括双臂、双腿、胸部，16岁出嫁时则会纹脸部。不过，此习俗带来痛楚较大，20世纪60年代已终止。

水缸定亲

海口羊山地区的婚嫁风俗别有一番风趣，这里用水、饮水非常困难。为了备水，人们需要拥有多口水缸，放在檐下承接雨水。因此水缸在当地极其贵重。人们以水缸的多少区分贫富，以至于有此说法：嫁女不嫁金，嫁女不嫁银，数数门前的水缸，谁家水缸多就嫁谁。

南海

那些诗情画意

SOUTH CHINA SEA POETIC ART

03

> > > > > >

　　月净沙白，舟楫搁置，诗情画意似星辰如海，在历史长河中静静流淌。时光倒转，美丽的传说在海浪拍打的礁石上妙歌，画意缭绕，引你入境。凿开石壁，以笔为刀，先民从容雕琢，誊写海洋星月，印刻苦难幸福，挽留古老的根蒂。驭海临风，诗情泛泛，文人气度堪比南海雅量，一任文字如海，语言如涛。渔民飞歌起舞，原生态艺术暗香袭来，荡漾文化褶皱。当我们洗耳静听，那悠远的心灵共鸣余音绕梁，不绝于耳。当我们抬首眺望，南海故事渐行渐远，或许在某一天漫上浅滩，浸染文化拾贝者的手掌。

海浪流芳——南海传说

当海浪从远方赶来，南海的传说也随之奔涌到世人面前。这一刻，凝滞的沧桑如同蚌壳，世代积累的文化便是孕育已久的珠贝，众多的文化拾贝者在南海如获至宝。多彩的镜头，流动的传说，焦距的拉伸之间，南海文化底蕴尽显光芒……

南海盘古墓

"天地玄黄，宇宙洪荒。日月盈昃，辰宿列张。"世界从何而来，天地何以区分，日月星辰遵循着怎样的轨迹……林林总总的问题总是萦绕在先人的脑海，于是，便有了盘古开天、夸父追日、后羿射日等神话传说。那么，开天之后的盘古有着怎样的归宿呢？

⬇ 盘古雕像

相传远古时候，天地本是混沌一团，彼此粘连，并无区分，四处黑漆漆的，好像一个封闭的大蛋壳。人类的祖先盘古孕育在这团黑暗中，在沉睡了近两万年之后，力大无比的盘古醒了。可他竟什么也看不见，伸手不见五指，除了黑暗还是黑暗，只觉得无比憋闷。盘古一气之下，怒吼一声，摸起一把神斧用力劈去。只听一声轰然巨响，震彻环宇，一些清澈而轻盈的东西向上漂浮，慢慢聚拢成天空，一些厚重而浑浊的东西向下沉落，渐渐汇聚成大地。天地由此得以区分。但是盘古怕天和地再次粘连，便立于天地之间，脚踩大地，双手擎天，用力把它们分隔开。天每日升高一丈，地每天加厚一丈，盘古的身体也跟着天地向两端生长。一直支撑了近两万年，天地已经稳固，不会再有重合的机会，而盘古已经耗尽力气。在他累倒的瞬间，神奇的事情再次发生：盘古的眼睛变成了太阳和月亮，头发和胡须变成了星星，身体变成了东、西、南、北四极和雄伟的三山五岳，血液变成了江河湖海，皮肤和汗毛变成了花草树木，汗水变成了雨露滋润大地，而盘古的灵魂变成了人类。

盘古开辟了天地，又把整个生命奉献出去，才有了这个丰富多彩的世界，盘古自然也就成了人们心中伟大的神。广西来宾市的山岭之中有一座盘古墓，据说是盘古魂魄的安葬之地。据古籍记载，"今南海有盘古氏墓，亘三百余里，俗云后人追葬盘古之魂也"。盘古墓并非真有其址，只是人们把崇山峻岭当成了盘古墓的象征，以此缅怀追悼盘古大神。广西有很多的盘古庙、盘古村、盘古洞，桂林建有盘古祠，前去拜祭的人络绎不绝。

北斗星的传说

夜幕初垂，繁星闪烁，北斗星大放异彩，对航行于海上的渔民来说，北斗星就是天赐的指南针，引领渔船走出困厄海域，重返安全地带。在西沙、南沙群岛的渔民中有一个家喻户晓的传说。

🔺 盘古开天地

大力神传说

海南黎族有一个关于大力神的传说。远古时候，天地相距仅有几丈高，且天上有七个太阳和七个月亮。大地酷热无比，人们如坐热锅，难以忍耐。此时，大力神出现了，用身躯把天空拱高万余丈，使得天地得以分开。他做了一把大硬弓和许多利箭，射下了六个太阳、六个月亮。他取下彩虹做扁担，捡起地上的道路当绳索，从南海边挑来沙土，造山堆岭，南沙群岛、西沙群岛和东沙群岛便是大力神抖落到海里的泥沙变化而成的。后来，他将落发变成森林，用脚踢划出无数的沟谷，他的汗水便汇聚成江河，奔流不息。

　　很久以前，在南沙群岛的北岛上住着渔民翁大伯一家。翁大伯膝下有七个儿子，这七个年轻力壮的小伙子都是捕鱼的行家里手，一家人就靠打鱼为生，日子过得安稳踏实。

　　但是，天有不测风云。南海深处的海底宫殿里住着一个恶魔，心肠无比歹毒，妄图霸占西沙和南沙。他施展妖术，喷出一团浓雾。浓雾笼罩着南沙、西沙，久久不散，暗无天日。渔民因无法辨别方向不敢下海捕鱼，只能在浅海打捞一些鱼虾艰难度日。

　　渔民们焦急万分，翁大伯也忧心忡忡。他烧香叩拜，祈求神明显灵。翁大伯的诚心感化了观音菩萨。一天晚上，翁大伯在梦中受到观音菩萨的指点，知晓了要有七位英雄前去战胜恶魔。翁大伯醒来，既欢喜，又悲伤。喜的是终于有办法打败恶魔，悲的是这七位英雄只能是自己的七个儿子了。第二天，翁大伯将观音菩萨的嘱托说给七个儿子听，他们当场表示誓死也要击败恶魔，拯救百姓。

　　七兄弟背插鱼刀，脚穿草鞋，前往南方寻找恶魔。夜晚，他们来到一个岛上，在一间白珊瑚垒成的小房子里见到了观音菩萨。观音菩萨故意试探他们道："你们还是回家去吧，这条路可是艰难重重啊。"七兄弟朗声答道："我们不怕，不管多艰难我们都要去！"看到七兄弟意志坚定，观音菩萨非常欣慰，便送给他们每人一双避水鞋。七兄弟脱下草鞋，换上避水鞋，牢记观音菩萨的指点又继续赶路。在避水鞋的神奇法力下，他们昼夜兼程，终于到了恶魔的宫殿"比心宫"。恶魔的心脏就安放在一个毒水池中，只要毒水干涸，恶魔就会死去。然而，毒水是不会自己干涸的，只有人跳入池中变成珊瑚礁石，才能吸干池中的毒水。于是，为了解救西沙、南沙的渔民，为了彻底铲除恶魔，七兄弟携手跳进了池中……太阳重新展露金光，渔民得救了，人们欢天喜地。当翁大伯将家中那把鱼刀从刀鞘中抽出时，只见鱼刀上全是鲜血。人们得知了七兄弟的死讯，悲伤不已，更加敬仰这七位无畏的勇士。

而七兄弟化成的珊瑚礁石慢慢露出水面，变成了现在西沙群岛中的"比心礁"，他们曾脱下草鞋的地方便是南沙群岛中的"草鞋滩"。后来，观音菩萨点化了比心礁，七兄弟的灵魂一直飞升，化作了北斗七星，在夜空中发出灿烂光芒，永远为渔民们指引方向。

海瑞与王天官

海瑞是众所周知的南海清官，而王天官是一位天神，他们怎么会有关系呢？这还要从海瑞的清廉说起。

一天，海瑞路过供奉玄天上帝的北极殿，看见门上挂着的横匾上书"寸皮不入殿"。海瑞暗自忖度：玄天上帝夸下海口，我倒要看看他是真清廉还是假清廉。海瑞进入殿内，环视左右，发现一个大鼓，海瑞不禁哈哈大笑，说："不是说'寸皮不入殿'吗？既是如此，又怎会有此皮鼓？"言毕，海瑞便命人把鼓上的牛皮扯下，扔出殿外。

🔹 北极殿

⤴ 海瑞雕像

这可气坏了坐在神台上的玄天上帝。他愤愤不平：好你个海瑞，真是胆大包天，竟敢冒犯于我，我倒要看看你海瑞是真清廉还是徒有虚名！于是，玄天上帝指派王天官去监视海瑞，并赐他一根金鞭，说一旦海瑞贪赃枉法，哪怕稍有不清廉的地方，都可惩戒海瑞。

王天官领了玄天上帝的旨意，手持金鞭，跟在海瑞身后监视。日复一日，寒来暑往，三年已过，王天官也没抓到一丁点儿海瑞的把柄。他心里十分焦急，无法回去复命，只得继续监视。有一日，海瑞外出巡视，适逢夏季，烈日炎炎，海瑞口渴难忍，终于寻到一户农家，屋前有一块西瓜地，西瓜个大溜圆，但屋内无人，海瑞没有等到主人便摘下一个西瓜吃了起来。王天官见了，喜不自胜，心想："害我苦苦跟了你三年，今天总算逮到你海瑞不清廉了。等你吃完，我就一鞭子送你上西天！"他高兴地举起金鞭，只待海瑞将西瓜吃完。却未曾想，海瑞吃完西瓜，竟拴了一串铜钱在瓜蒂上。

王天官傻了眼，他呆若木鸡，举起的金鞭无力地垂下。看着离开的海瑞，王天官心里嘀咕："海瑞呀海瑞，你可害苦了我，早知你是清官，我也不会白白浪费三年。"从此以后，王天官不再监视海瑞，回北极殿复命去了。

这样一个略带诙谐的民间传说表达了人们对海瑞的极大褒赞，在世代相传中让后人更加清晰地了解海瑞，铭记海瑞的高尚品格。

椰子的由来

椰子几乎可以看做是南海的一大象征，椰林片片，将南海点缀得愈发俏丽多姿。关于椰子的由来说法不一，一个广泛流行的说法是源于一位名叫椰子的姑娘。

那是很久以前，海南岛发生了极为严重的干旱，每天都有很多人因为喝不到淡水而失去性命。就在这样的关头，一位聪明善良的姑娘挺身而出。姑娘觉得与其坐以待毙，不如放手一搏，到处去挖掘一下，说不定能挖出水来。于是，便独自到海边去挖掘，她夜以继日，废寝忘食，一连挖了数十天，可连点儿水的影子也没有看到。姑娘焦急万分，又因为滴水未进，她的嘴唇已经干裂。即便如此，她也没有放弃，而是咬紧牙关，继续寻找水源。

姑娘的善举打动了妈祖。看到姑娘一心为民、奋不顾身的行为，妈祖决定帮助她。于是，妈祖掏出一个火红的果子，让姑娘吞下去。姑娘照妈祖的吩咐，接过果子吞了下去。忽然间，姑娘竟变成了一只美丽的孔雀。然而此时，却像有团烈火在焚烧她的五脏六腑。于是，孔雀拼命地用嘴往地下钻，钻啊钻，终于，她的嘴巴碰到了甘甜清凉的泉水。她痛痛快快地喝了起来。这时，姑娘想到了正忍受着干渴的乡亲们，他们还在痛苦地挣扎，于是她就用自己的身体不停地装水。水装得实在太多了，她的头深深埋入沙土里再也拔不出来了。

此时，孔雀变成了一棵树，身躯是树干，尾巴是树叶，头和嘴是树根，不停地吸收着地下的泉水，泉水源源不断往上输送，而大树的枝头早已挂满了沉甸甸的果子，果子里蓄满了水。乡亲们摘下果子，尽情饮用着甘甜的汁水。终于，海岛上的干旱解除了，人们得救了，又过上了幸福的生活。而那位姑娘却永远地化作树。因为姑娘的名字叫椰子，为了纪念她，人们就用她的名字来称呼由她化身的树，把树上结出的果子叫做椰子果。

如今，海南椰林遍地，那是椰子姑娘生命的延续，姑娘的善良和美德也在椰子树的繁衍里得以延续……这便是椰子的美丽传说，个中渗透着人们对善良与勇敢这两大主题无尽的歌咏和赞叹。

海南鹿回头

在三亚有一处著名的景点——鹿回头公园。此处三面环海，有"南海情山"的美誉。说起"鹿回头"，人们便会想起那个美丽动人的爱情故事。

相传很久以前，在景色秀丽的五指山下住着一位年轻英俊的黎族猎人。猎人与他的母亲相依为命，母亲体弱多病，全靠儿子上山打猎维持生活。

一天，母亲牙痛难忍，猎人便四处采药为母亲治疗，但她的病情却始终不见好转。为了照顾母亲，猎人很多天都没有出去打猎。眼看着家中的粮食不多了，他只得背起弓箭上了山。猎人头束红巾，矫捷地穿行在青山绿水之间。可是一天过去了，他竟一只野兽也没有猎到。因为担心母亲一人在家，猎人只好空手而归。就在这时，一只美丽的鹿忽然从林中跳出。心地善良的猎人从来都不愿意去伤害鹿、山羊和野兔这些柔弱的动物。他曾经在山林里发现过一只受伤的小鹿，他救治了小鹿，又把它放归山林了。可是眼下，家里非常困顿，想起病痛中的母亲，猎人无奈之下对花鹿举起了弓箭。但他多少还是有些不忍下手，于是他手

鹿回头公园

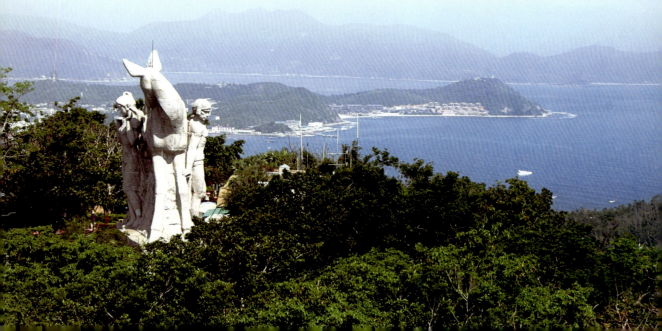

执弓箭追赶着鹿，翻越了九十九座山，蹚过了九十九条河，一直追赶到南海之滨。在美丽的三亚湾，海水湛蓝，风轻云淡，鹿已经无处可逃，前面便是悬崖。只见那只鹿缓缓回头，深情凝望着猎人，鹿和猎人四目相对，鹿的目光清澈迷离，凄美动人。刹那间，爱情的火花迸射出来。猎人不由得放下了手中的弓箭。倏忽之间，眼前的鹿竟化作一位美丽的黎族少女。少女向着猎人款款走来，她对猎人坦言自己就是他曾经救治过的小鹿。说着，她从口中拿出槟榔的种子，和猎人一起种下。等他们结为夫妻，一棵槟榔树渐渐长成。猎人采下一颗槟榔果子，让母亲服下，母亲立刻感到牙不疼了，身体也比从前硬朗了。从此以后，一家人过上了幸福和睦的日子。

鹿所回头的那座山崖也就成了著名的景点"鹿回头"。"鹿回头"的故事与云南"阿诗玛"、广西"刘三姐"并称为中国少数民族三大爱情传说。人们根据这个爱情传说建造的海南全岛最高的雕塑"鹿回头"已成为三亚的城雕，三亚市也因此得名"鹿城"。每当人们观望鹿回头雕塑时，便会浮想联翩，似乎看到了猎人对鹿的追逐以及鹿深情回眸的场景。在人们的口耳相传中，这段爱情故事也越来越打动人心。

夕阳西下，晚霞在天空变幻不定，海面波光粼粼，椰林在海风吹动下轻声摇摆。玩耍疲惫的孩子簇拥在老奶奶的膝下，聆听着一个个古老的传说，幼小的心灵第一次触摸到勤劳、智慧、善良、坚忍与勇敢这些宏大的词汇。朦胧中，仿佛身边的一切事物都具有了灵性，它们也在喘息，也在倾诉，应和着门前大海的潮涨潮落。孩子们在无尽遐想中沉入梦乡，在那多彩的梦境，传说中的人物——复活……

浪奔沙舞——南海美图

南海本就美丽多姿，不论是惊涛拍岸、海浪叠雪，抑或是海平如镜、鱼鸟罗织。人们为了留住那些永恒的瞬间，凿开石壁，用心雕琢，铺开画纸，以汗润墨。一舟一楫，一钩一网，灵动如飞，南海被勾画得栩栩如生。那一件件雕塑，一幅幅画作，在拂去历史的尘埃后，一个声情并茂的南海展露容颜，风雷滚动，涛声震荡，劳动的号子四处飞扬……

岩壁画

置身岩壁画廊，时光被雕刻。几千年前，沿海而居的南海人使用简陋的石器工具在岩石上奋力雕琢，石花飞起，记忆落下，那些遥远的涉海活动被岩石收藏，一册人与海洋的厚重历史文献守望在石壁上，期待有一天给世人一个惊喜。广东的岩壁画可以称得上是一朵奇葩，特别是珠海宝镜湾岩壁画，被誉为"广东第一画"、"中国沿海地区史前岩画最杰出的代表作"，具有重要的历史、艺术和考古价值。

在珠海的高栏岛宝镜湾，容颜俏丽的岩壁画独守海风已逾几千年。远在新石器时代晚期至青铜时代，这片清澈澄明、浪平沙细的海域就是古人生活的场所。南越的远古先民用石器

⬇ 岩壁画

将自己的海上生活辑录在岩石上，又将他们的图腾崇拜和宗教信仰一并雕刻其上。1989年10月，当后人惊喜地发现这片旷世杰作时，恍惚间，时间隧道被打通了，原始的生活场景夹带着新鲜的海风气息迎面扑来。

这些岩壁画刻在平整的大石面上，分别被命名为"天才石"、"宝镜石"、"大坪石"和"藏宝洞"。藏宝洞岩画内容丰富，其中，东壁岩画是最大的一幅，有5米长、3米高，据考证是青铜时代的产物，有"史前清明上河图"的雅称。整幅画以船为中心，周围刻有波浪纹、蛇纹、舞蹈人形等；图案密集复杂，既有鸟、兽、鱼、水等图案，又有众多的人物形象，有的坐卧奔跑，有的祭祀舞蹈，形态逼真。而"大坪石"岩画反映的则是船停岸边，人们聚拢岸上舞蹈欢呼的场面。有研究者称这是渔民欢送渔船出海的仪式，另有研究者认为这是庆祝大船出海归来的场景。不管是出海还是归航，毋庸置疑的一点便是远在古代，人类与海洋便已缔结了亲密的关系。

宝镜湾岩壁画的制作充分反映了当时人们的生产水平和认知能力。虽然只是使用了粗糙的敲打、敲凿的原始方法，线条、纹理勾画也较为简单，但却很好地实现了传情达意，将人物情感记录下来，将生活样式存留在岩石上。当后人驻足凝望，多少还能想象出先民搏击风浪的喜怒哀乐和他们以海为生时留下的些许故事。

除广东珠海以外，香港也发现了大屿山石壁岩画、长洲岩画、大浪湾岩画、黄竹坑岩壁画等8处岩画。香港岩画内容基本上是抽象的曲线、螺纹、鸟兽等，敲凿技法朴拙，反映了原始的生活场景和图腾崇拜。澳门岩画位于寇娄岛卡栝湾朝南的山谷里，有棋盘岩画、船只岩画等，其中船只的表现较为清晰。广东、香港、澳门三地的岩画基本上都处在沿海岛屿的海湾上，这一点不难理解。这里曾是沿海先民生活的理想场所，自然也成为他们凿石写生的地点。三地岩壁画连成一线，使得栉风沐雨的南海历史生活得以重现。

宝镜湾岩壁画

在宝镜湾岩画的发现地——珠海高栏岛，当地人传说清朝时的海盗张保仔，曾绘有一幅藏宝图，标记着他藏在高栏岛上的金银珠宝，后世许多人都在寻找这幅藏宝图。1989年10月，珠海市博物馆的两名工作人员来到当地进行考古发掘。他们在高栏村村干部张长华的引导下，在岛上搜索，三天快过去了，一无所获。就在第三天傍晚，疲惫的张长华坐在一块大石头上想要抽烟解乏，一不留神失手把烟盒掉进了石缝。张长华向石洞缝隙张望，突然发现洞内石壁上刻着密密麻麻的线条与符号。他惊喜地大叫一声，大家围拢过去，发现了珍贵的藏宝洞岩画。从此，宝镜湾岩画被掀开了神秘面纱。虽然它与海盗张保仔没有什么关系，但却使这一历史文化意义上的"藏宝图"浮出水面。

时隔4000年，尽管简单勾勒的岩壁画制作上有些粗糙与笨拙，但人们用寥寥数笔传递出的感情足以让后人为之震撼。岩壁画就像古老的人类在一条条简单的绳索上系下一个个疙瘩，是另一种意义上的结绳记事。因为有了人类进步的足迹，岩壁画也就多了几分神秘。

雕塑绘画

石头、泥土、树根……这些看似普通的物件经过中国匠人的巧手雕琢，便可以成为价值不菲的工艺品。在南海，民间艺人发挥自己的聪明才智，就地取材，精雕细琢，妙手丹青，创作了一批可以跻身世界艺术之林的作品。虽是土生土长，却因具有民族性和地域性而获得了广泛的世界性意义。

海南椰雕

海南椰雕历史悠久，已逾千年。远在唐代，人们就开始用椰子壳作调酒杯，这在各种古籍里都有记载。唐代诗人陆龟蒙曾有"酒满椰杯消毒雾"的诗句，可见椰壳有消毒避瘴之功效。历代贬官在海南也多以椰壳为饮食器具。到了明末清初，椰雕的技艺已经相当精湛，椰雕曾一度被作为"天南贡品"敬献朝廷。后代椰雕艺人在继承传统工艺的基础上，不断创

🔆 椰雕工艺品

新，使得椰雕工艺花样翻新，椰雕制品也更加惟妙惟肖。在椰雕的基础上，又开辟出椰雕画，融国画、油画、浮雕技艺之长，立体感鲜明，民间色彩浓厚，为传统的椰雕艺术锦上添花。

从样式上看，椰雕新颖别致，造型古朴典雅，画面妙趣横生，让人爱不释手。从工艺上品评，有平面浮雕、立体浮雕、通花浮雕，还有带棕立体雕刻和贝壳镶嵌雕刻等多种手法，而椰雕的品种也涉及茶具、花瓶、挂屏等300余种。作为海南的非物质文化遗产，椰雕工艺品得到了世人认可，在20多个国家和地区深受追捧。经历千年时光的浸泡与洗濯，历经海南人自己的理解和润色，椰雕已将海南特色与历史完美结合起来，可谓天衣无缝。

🔺 椰雕花瓶

七彩雕画

在海南民间，有"花瑰艺术"之称的澄迈七彩雕画源于唐代，由佛教、道教文化艺术传播的需要产生。七彩雕画制作方法主要是先雕后画，以七种颜色为主色，即金、银、黑、白、蓝、黄、红，经过打坯、磨光、细描上色、镀金等细致步骤完成雕画。传统的七彩雕画有木雕偶、泥雕和竹纸偶，其中泥雕为寺院、道观、庙宇等供奉使用。七彩雕画一方面具备雕塑的立体感，同时又具有绘画色彩鲜艳的特征，具有极高的美学价值。

为了开拓七彩雕花的发展空间，艺人注意吸取百家之长，与自己的独创特色相融合，形成了鲜明的海南本土特征，风格和技法都独辟蹊径。雕刻不再只局限于木偶、泥塑、竹纸偶，还增加了平板浮雕等技法，同时也融入了油画、粉画等画种技法。创作题材推陈出新、涉猎广泛，打破了原来的神像、佛像框架，让古典与现代相结合，将英雄人物、美丽山河、神话故事、牧童、樵夫等诸多形象都纳入其中，雕画得千姿百态、活灵活现。这些昔日只能摆放在寺庙和佛堂的七彩雕画，逐步走下神坛，进入普通民众的视野。

七彩雕画在国际上也获得极高的赞誉，如第十二代传人徐日龙的作品就先后多次参加各级国际美术展览，并频频获奖：《志同道合》获2000年世界华人艺术展银奖，《挪州通道》获2005年世界华人艺术精品银奖……这极大地提高了七彩雕画的知名度，使得这一地域性艺术形式得以名扬天下。

广州外销画

  广州是清代第一个对外开放通商的港口，每年都会有无数的西方商船往来穿梭，或停泊在广州附近的黄埔港；特别是以十三行为中心的西方人集中地和贸易区鼎盛一时，熙熙攘攘的船舶和街市贸易使得广州繁荣热闹、盛况空前。在商业利益的驱动下，一些画工将中国传统绘画技法和西方油画等风格相结合，描绘市井生活、手工生产、自然风光等风土人情，并将画出售给西方国家，由此产生了卷帙浩繁的"外销画"，堪称清代中国的"手绘照片"，风行一时。

　　与此同时，欧洲一些画家也不远万里来到广州、澳门等地，用图来记录、描绘当地的风土人情，其作品也加入了"外销画"的队伍。那弥散着鱼腥海风气息的广州港盛况、鼓胀着百姓生活希望的船帆桅影，以及古旧时光里芸芸众生的点点滴滴……都被收录到质地精美的油画中，成为历史存照。

　　鸡鸣拂晓，一丝曙光在云层之中。海还没有完全睡醒，但年轻的工匠已经醒来，揉开惺忪睡眼，收拾停当，不久便沉入雕刻之中。作为新入门的学徒，年轻的工匠还有很长的路要走，那双涉世不深的手早已遍布老茧；新刨的木花飞起，又静静落下，手里的雕刀飞流婉转。虽然手法略显青涩，但那细心的模样却有师傅传承下来的古老精神。南海边，那一处不起眼的窄门内，工匠的目光从手里的作品落到外面的海滩，又从海滩回到手上。光阴如流沙，历史挨挤在海洋的水层中，在一个决计要延续祖业的年轻工匠手中得以保持它不朽的生命。

海唱风吟——南海文学

回望苍茫岁月，无数文人曾驻足南海滩头。但见礁岩伫立浪头，海风撩拨，鱼群如游弋的云朵。港口帆樯重叠，汗水灌溉蓝色的母土，渔家子弟守护故乡烽火。缕缕情思，阵阵怅惘，文人心中泛起万千味道，于是他们提笔抒怀，吹响文学的号角，为南海历史推波助澜。南海与文人相遇，与文坛交集，并在众望所归中，汇入驳杂精深的中国文化脉络……

南海诗歌

借助诗人的眼睛，让我们观望一轮唐代明月。对此明月，李白写下"月下飞天镜，云生结海楼"的飘逸诗句，凸显其浪漫情怀；王维用"明月松间照，清泉石上流"勾画了恬淡的田园景象；忧国忧民的杜甫用"露从今夜白，月是故乡明"吐露着多少离愁别恨。就是这轮皎洁的明月，引发了无数唐代诗人的感怀，也让中国文人的一份旷古忧思缠绵不绝。

当诗人张九龄邂逅这轮明月时，自然也颇受触动。只是这一次，这轮明月不是在山林露面，也并非从江湖出现，而是从博大辽阔的海面上升起。大海的浪涛簇拥着它，涌动的幕布衬托着它，传唱出世间相隔天涯的亲人那份浓重的相思之情。

🔵 张九龄像

望月怀远

张九龄

海上生明月，天涯共此时。
情人怨遥夜，竟夕起相思。
灭烛怜光满，披衣觉露滋。
不堪盈手赠，还寝梦佳期。

夜幕低垂，诗人面海临风，黑暗中只听到涛声袭人，礁岩敲打着湿漉漉的节拍，心中那根弦丝也发出微妙的声响。天涯相隔的亲人，此刻又该是何种模样？此

时，一轮清灵明月冲破云层从海上出世。谁人望月不怀乡。一时间，月如皎洁的铜镜，照见远方的亲人；月是传情的信使，传递亲人牵挂的讯息；月像海中的龙珠，点亮海陆之上的亘古灵犀。那悠远的意境，空辽的胸襟，以及哀婉节制的情意，如泣如诉，如怨如慕。"海上生明月，天涯共此时。"尽管相隔万里，却能拥有同一轮明月……海洋、明月、思乡，诗人将情境和画境巧妙结合，情感和景物水乳交融，一幅海上明月的壮美图景如同仙境，拨动心弦，留下无数隐约的回声。

在涉海诗歌中，张九龄的《望月怀远》是屈指可数的上乘之作。诗人将心中情感的清泉与博大的海洋气度完美接轨，拼构出贯通古今的诗歌气质，让散落天涯海角的游子与故乡亲人实现心灵通话，也无怪乎此诗会被誉为南海海洋文化的杰作。

细观张九龄的履历，他的籍贯一栏赫然写着广东韶关，毋庸置疑，这又是一位岭南奇士。宦海多沉浮，张九龄也不例外。他曾一度官至宰相（同平章事），成为唐代唯一一位岭南书生出身的宰相。张九龄为人正直贤良，既有温文儒雅的文人风范，又有直言敢谏的忠臣风骨，颇受世人敬仰爱戴。尽管功名显赫，然而仕途心酸、政事波折，也只有当事人自己了然于胸。张九龄之于南海，除去《望月怀远》这首千古绝唱外，更有祭拜南海的珍贵史话。那是在开元十四年，张九龄任太常少卿，掌管宗庙礼仪，奉唐玄宗之命去祭拜。唐代帝王非常重视祭拜南海。张九龄此行，将南海隆重地供奉进朝堂政治的庙门内，也更加奠定了南海的尊贵地位。

除唐代张九龄之外，历代文人多有描述吟咏南海的诗作流传于世。北宋苏轼、明代汤显祖，直至清代林则徐等文人、政治家都曾写过与南海相关的诗歌，内容涉猎广泛，或是描绘南海的风物习俗，或是记录南海港口贸易的繁忙场景；从抒情到叙事，风格各异，既有豪迈格调，也有婉约气派，形成了蔚为壮观的南海诗歌。尽管只是一些排列有序的汉字，却传达出撼人心魂的力量。像其他文学形式一样，诗歌是感情的载体，而这载体背后的诗人命运、社会情态和历史背景，同样值得人们细细咀嚼考量。

南海小说

提起海盗，我们眼前就会清晰浮现出那些面目狰狞、粗犷野蛮的男性面孔。其实，海盗中既有穷凶极恶的恶棍，也不乏杀富济贫的豪杰。当一个柔弱的女性成为海盗时，又会发生哪些传奇故事呢？

清朝末年，一名叫石白金的女子原本过着平静的生活。然而，一夜之间，她便遭受了灭顶之灾：丈夫被贪官污吏杀害，父亲又惨遭横祸，她自己被大白鲨追赶噬咬、被恶人追杀灭口……种种不幸如狂风巨浪，将生活的小船顷刻打翻。面对不公平的命运，石白金没有倒下，而是在血海深仇中重新站起。为了报仇雪恨，石白金成了叱咤风云的女海盗，她凭借高强的武功、过人的胆识以及坚忍的意志，成立了独立的女丁船队。从此以后，她便率领着一群女海盗活跃在马六甲和北部湾海域，劫富济贫，保家卫国，与残忍歹毒的海霸相抗争，与卖国求荣的清朝官吏作斗争，与侵略中国的外国殖民者顽强抗争。石白金用一个弱女子的民族风骨，谱写了一篇南海儿女保家卫国的传奇故事。尽管最终女海盗化为海风消逝天际，但那凄美的故事却引发了强悍坚忍、顽强抗争的民族精神海啸。回望那100多年前的南海浪涛，我们可以深切感受到雷州半岛上南海人民在帝国主义侵略和清廷腐败双重戕害下的血泪与反抗。

这便是当代作家洪三泰的长篇小说《女海盗》为我们讲述的故事。作为广东雷州半岛的骄子，洪三泰的笔触得到故乡海风浪涛的滋养。这长达60章的鸿篇巨制，让传奇故事、悲壮历史、民俗画卷、人性善恶、海上丝绸之路等元素进行了精彩的博弈。暂且搁下其艺术手法，单就他所塑造的巾帼英雄女海盗，就为南海文学长廊留下了一个鲜活而丰盈的人物形象。

其实，明清时期的一些作品里就已经勾勒了南海的轮廓，如屈大均的《广东新语》

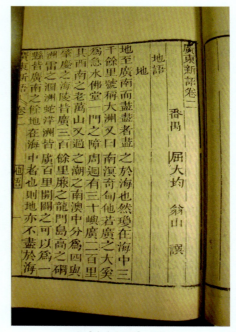

⬆ 《广东新语》书影

中就有很多涉及南海的故事，吴趼人《二十年目睹之怪现状》里亦有很多涉海情节。新中国成立后，又有一些描写南海的小说问世。20世纪80年代的两部力作——杜埃的《风雨太平洋》和陈残云的《热带惊涛录》，描写了在第二次世界大战的太平洋战争中，广大华侨与南洋群岛人民团结一心共同抗击日本侵略者的故事，堪称南海文学的双璧。

对比看来，如果说古诗词表达的是古人的一段悠远情怀，那么当代小说似乎彰显了今人对南海历史的深情回眸，渗透出南海儿女忠贞不渝的家国使命感和历史责任感。时过境迁，不论南海如何风云变幻，民族精神的铮铮铁骨未曾有丝毫改变。

文字犹如一把锐利的匕首，力透纸背，入木三分，剜割离离风霜，镶嵌层层悲壮。三言两语的诗句倾吐诗人情怀，又将饱胀的海风送至内陆，唤醒华夏儿女蛰伏已久的情意；情节曲折的小说再现历史景观，家仇国恨尽得雪，南海儿女一腔热血映日喷薄。当文学的小船出发，风灯摇颤，桨橹艰涩，前人用汉语织网，打捞起沉淀于海洋深处的文化遗产，希冀后人在文学的图景中守护这片永恒的蓝色家园。

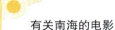 吴趼人雕像

有关南海的电影

在诗歌、小说等文学形式之外，取材南海的经典电影也值得人们回味。讲述渔民悲惨生活的《渔光曲》，曾在莫斯科举行的国际电影节上获"荣誉奖"，是我国第一部在国际上获奖的影片。反映南海渔民翻身得解放的《红色娘子军》、《南海潮》，特别是家喻户晓的《红色娘子军》获得多个电影奖项。《南海长城》讲述20世纪60年代前期，我国海防前线民兵配合驻守岛屿的人民解放军，围剿歼灭妄图潜入大陆的美蒋特务的故事。而人民海军题材的军旅故事片《南海风云》则讲述了我人民海军保卫祖国南海岛屿和领海的精彩故事。南海被电影镜头收纳，在光影世界中留下让人久久难忘的身影。

踏浪飞歌——南海渔歌

伴着海的呢喃，和着风的旋律，踩着劳动的节拍，南海人踏浪飞歌。渔家儿女清唱婉转悠扬的渔村曲调，歌喉赛过琴瑟；渔家男儿吼出奔放粗犷的人生段落，气势吞吐江河。生命苦短，岁月绵长，南海人用歌声照耀海上黑夜，用音符排解渔港寂寞。渔歌中，有寻常百姓的喜怒哀乐，有赶海谋生的悲欢离合。歌声飞翔，南海俨然化身渔歌海洋，海浪飞溅，敲打海岸的耳朵。

"哩哩妹"

著名戏剧家田汉曾对渔歌"哩哩妹"有这样的赞誉："椰子林边几曲歌，文澜江水袅新波，此间亦有刘三姐，唱得临高生产多。"作为南海民间歌谣的代表，"哩哩妹"是海南临高的骄傲。这种传唱了千年之久的渔歌最早起源于新盈等地的渔村，渔姑卖鱼时用当地方言叫卖"卖鱼(雷)，大家来卖鱼(雷)……"便是"哩哩妹"最初的旋律。天长日久，渔民们在赶海、织网、婚嫁等日常生活和生产劳动中，不断对这一旋律雏形进行打磨，在口头传唱中，孵化出优美动听的渔歌"哩哩妹"。

经过不断地发展完善，"哩哩妹"形成了独具一格的音乐形式，最大的特点在于利用衬词"哩哩妹"、"乃马哩"、"妹雷爱"。衬词各有意蕴，"哩哩妹"指姑娘美丽的意思，"乃马哩"意为对方美如茉莉花，"妹雷爱"意味女方爱男方，具有浓郁的临高乡土特色。"哩哩妹"有五种主要的曲调：一是唱吉，二是情歌，三是猜谜歌，四是讽刺歌，五是怨歌。"哩哩妹"可以独唱、合唱和对唱，演唱时即兴发挥，创编新词。其中，对唱最为精彩，你来我往，一唱一和，活泼俏皮，有时也会有戏谑色彩，为渔村带去欢乐。唱得最热闹的当属男女婚嫁时，此时会进行对歌，亲朋好友欢聚一堂，在"哩哩妹"的对唱里将新婚的喜庆气氛推向高潮。

在临高，渔港渔村，街头巷尾，男女老少，人们随时会唱起"哩哩妹"。在建造房屋、迎客送客、逢年过节等众多时刻也离不开"哩哩妹"。"哩哩妹"融会在渔民的生活里，参与到生活的每一处场景中。渔船出海时，渔女们便会唱《盼郎归》，盼望心上人安全归来："阿哥出海勤撒网，捕鱼满载红旗飘；阿妹看着心欢喜，盼郎回港乐嘻嘻。"船上的渔家男子闻听之后，也会对唱："阿妹靓丽又聪明，砍柴挑水勤织网；阿哥心中念阿妹，捕鱼满舱船归港。"女子们织补渔网，时常会哼上一段："天苍苍来海茫茫，求求龙王行善心，求得船儿驶得稳，求得我夫得平安。哩呀哩哩个妹，哩哩个妹雷爱，雷爱……"男人们出海捕鱼，驱乏解闷时唱道："渔姑靓丽又聪明，挑水下船勤织网，阿哥开船掌稳舵，捕鱼满舱船归来。哩呀哩哩个妹，哩哩个妹雷爱，雷爱……"

　　如今临高"哩哩妹"随着渔船传唱南海，在广西、广东等沿海港口，都能听到"哩哩妹"那动人的旋律。这源于生活、自然坦率的渔歌，骨子里灌满了南海气息。人们在欣赏之余不免浮想联翩，南海的民间古韵也就掀开了它迷人的盖头。

⬆ 欢唱"哩哩妹"

咸水歌

　　咸水歌是明末清初珠江三角洲地区的民间流行歌曲，如今在广东、广西以及海南的一些渔民区都能听到咸水歌的曲调唱响。如果要给咸水歌追根溯源，那么，我们就要把目光转向疍家人。疍家人漂浮水上，长期与水相依为命，或许正是这种独特的生存方式催生了咸水歌。咸水歌是疍家人的歌谣文化结晶，在疍家人婚宴、喜庆时都要登

⬆ 咸水歌文艺演出

台露面。后来，疍家人结束水上生活，陆续在珠江三角洲地区定居下来，特别是广东中山坦洲镇，疍家人多落足于此。因此，这里的咸水歌文化也就尤其厚重悠久，在唱法上还保留了古风面貌。

咸水歌曲调委婉悠扬，特别之处在于它的结尾方式。像大多数渔歌一样，咸水歌里也加入了衬词，中山咸水歌就多用"啊咧"、"啊"、"妹好啊咧"和"弟好啊咧"等方言土语作衬词衬句，听上去颇具地方风味。

当人们在海上或田间劳作、在河堤树下休息以及谈情说爱时，都会唱起咸水歌。有时人们也会相约举行别开生面的水上歌会。各地在农忙之前或收获之后，搭起歌台，进行对歌比赛。中秋节时，人们还会把船摇到江心，连成"中秋咸水歌擂台"，拉开月下渔歌飞扬的美妙场景。这种盛况存留在20世纪五六十年代的影像资料中。在多元文化的冲击下，咸水歌曾一度淡隐，留传至今的一些咸水歌，有反映渔家生活的辛酸，也有反映节日习俗的欢庆，多数以情歌为主，表达男女青年追求爱情、向往幸福生活的美好情感。

"有咸水的地方，就有咸水歌。"只要海不停翻滚着它蓝色的浪潮，那么咸水歌也将会不停地传唱着渔民们那凡俗而美丽的情感。

去番歌

去番歌是和着血泪与心酸唱出的。所谓"去番"意指华侨背井离乡，离开南海故土，赶赴南洋谋生，故而这种别离家乡的曲调里，有对亲人的依依不舍，更多的是凄婉哀怨的倾诉，让人闻之落泪。

南洋谋生的历史悠久。在明清时代，广东、广西、海南等沿海地区掀起了下南洋的风潮。在下南洋的路途中，不知有多少人葬身大海。有歌谣唱道："海不平啊浪头高，天不平啊起风暴，叫一声我的妈呀，儿尸要在海底捞。"广东潮州人对去番的辛酸有过这样的描述：没有可以乘坐的大帆船，就自己绑缚竹排当舟，做甜粿当干粮路上吃，撑起破被子当

帆，用绳子或水布的一头绑在自己的腰部，另一头捆在竹排上。在茫茫大海上经历大风大浪，竹排经常被打翻。如果人掉到水里没有死，那么爬起来照样向前行驶，只有寥寥无几的人经过九死一生才能到达南洋。所以，潮州的去番歌会如此悲吟："一溪目汁一船人，一条浴布去过番。钱银知寄人知返，勿忘父母共妻房。火船驶过七洲洋，回头不见我家乡。是好是劫全凭命，未知何日回寒窑。"真是声声泣血，字字含泪。

海南侨乡遍布，琼侨歌谣里也多有反映送别亲人去番的悲情："鸡啼一阵又一阵，夫妻二人将离分。卧在床上不舍起，双双枕头添泪痕。""心中悲痛一阵阵，亲家不久就离分。站在床前嘱一句，十年才回诉天伦。"几乎每一曲离别的歌谣背后，都有一段催人泪下的离别故事。在海南，至今还有一些年老的阿婆，当年新婚三个月，丈夫就去南洋谋生了，可是半个多世纪过去了，那远行的人依然没有回来，独留下老阿婆坐在自家门槛上，在绝望中等待，在等待中望断天涯路。"送夫送到万泉河，河水倒映影双双。夫妻都如鱼和水，鱼水分离几凄凉。""夫郎离家南洋去，一去十年无回书。坐在石上望夫回，泪流成河浸石浮。"

听到去番歌的人，都会为生活在这片苍茫海域的人掬一捧同情之泪。音乐是世俗生活的缩影和升华。正是因为有真实生活的支撑，去番歌这承载悲戚的质朴歌谣才具有一种心灵的穿透力。

渔歌的变奏

1984年，一曲来自南海的通俗歌曲响彻大江南北，歌声里有呼呼作响的南海海风，有滔滔不息的南海浪潮，有椰子从树上掉落的欢快声响，有南海渔家热情好客的浓浓情意，这就是《请到天涯海角来》。

领略了南海地区淳朴的渔歌之后，这首邀请人们来南海做客的歌曲让人心灵摇曳。欢快流畅的乐曲，简洁生动的歌词，不费吹灰之力，轻易就能把人们的思绪带到向往已久的天涯海角。它不仅唱出了海南岛上四季不败的鲜花，采摘不尽的水果，更唱出了青翠欲滴的南海情意。

与传统的渔歌相比，经过润色，这首歌脱掉了粗糙之气，在精致中显得酣畅淋漓。但细细品呲，就会在跳动的音符中找到它与传统渔歌千丝万缕的联系，它其实更像是传统渔歌的变奏，既保持了后者的淳朴底色，又能在对天涯海角的描述中，抒发出南海人心中那份被博大海洋滋养的包容与好客，叙述着南海人是如何与他人分享海洋馈赠的故事。也许正因如此，这首脱胎于南海渔歌的歌曲，在曲终之时，仍能余音绕梁，令人回味无穷。

侧耳倾听吧，这一首来自南海的盛情邀约——《请到天涯海角来》：

请到天涯海角来，这里四季春常在。海南岛上春风暖，好花叫你喜心怀。三月来了花正红，五月来了花正开，八月来了花正香，十月来了花不败。来呀来呀来呀，来呀来呀来呀，来呀来呀，来呀来！请到天涯海角来，这里花果遍地栽，百种瓜果百样甜，随你甜到千里外。柑橘红了叫人乐，芒果黄了叫人爱，芭蕉熟了任你摘，菠萝大了任你采。来呀来呀来呀，来呀来呀来呀，来呀来呀，来呀来！

清水出芙蓉，天然去雕饰。可以看作是对南海渔歌品性的准确写照。没有绚丽的音乐修饰，没有华丽的舞台衬托，在蓝天下，大海边，南海人祖祖辈辈传唱着这些意蕴丰富的淳朴渔歌。渔歌不是静止的唱片，而是流动的历史，它有南海生活的真实投影在内，更有渔民的生命之花闪现。所以，当渔歌唱响，南海便不只是一片海域，它更是一个装满故事的口袋。

请到天涯海角来

雅俗共赏的南海歌谣

　　传说、雕画、文学、渔歌，不管是阳春白雪，还是下里巴人，南海为我们演唱了一曲雅俗共赏的歌谣。琐碎的生活是散落的珠玑，南海人凭借想象和无穷的创造巧妙点化，让诗情画意的串串旋律带给人们回味无穷的审美享受。透过那些表层的字句、色彩和音符，我们可以听到南海历史深处的波涛涌动。曲终人散，浪花朵朵，仍在海面缭绕，弹奏出盛大的海洋交响乐章。

　　乘一叶扁舟，侣鱼虾，听海潮，破风浪，揽明月。漫长的海洋生活涂染了南海人的沧桑，也净化了南海人的心灵。他们用渔歌与海洋对话，与风浪交谈。他们用灵巧的双手维持生命的需求，又丰盈了精神的内核。人们不仅守护着一块地理意义上的海域，更背负起一种文化自觉，维系着民间传统文化的硕果，让文化意义上的南海更加朝气蓬勃。

天涯海角

　　天涯海角是海南三亚著名的风景区。这里水天合璧，奇石堆砌。其中分别刻有"天涯"和"海角"的两块巨石最为峻奇。传说很久以前，有一对年轻人彼此相爱，可惜他们的家族有着不共戴天的世仇，二人立下誓言就算走到天涯海角也要永远在一起。在族人的追赶下，他们逃到了海边，并携手跳入大海殉情。后来，他们化成了两块巨石，永远依偎在一起。

南天一柱

　　在距离"天涯"和"海角"不远处，有一尊高大独立的圆锥形巨石，这就是南天一柱。相传，陵水黎安海域一带经常恶浪滔天，渔民出海常会翻船丧命。王母娘娘手下的两位仙女得知后不忍百姓遭殃，她们偷偷下凡，为渔民引航。但仙女私自下凡惹怒了王母娘娘，她派雷公电母下界兴师问罪，两位仙女不愿返归天庭，便化身为双峰石。雷公电母便将她们劈开，"一分为二"，一块掉在黎安附近的海中，一块飞到了"天涯海角"附近，成为南天一柱。

南海鲛人

　　鲛人便是传说中的南海美人鱼。鱼尾人身，美丽神秘。她们织出的鲛绡，入水不湿；鲛人哭泣的时候，眼泪会化作珍珠。传说明代一位皇帝听说南海盛产珍珠，派一个太监前去采集，太监贪婪无比，人们称他为"无良心"。"无良心"抓了很多壮丁做采珠奴，采珠奴十个有九个会被鲨鱼、海怪吞食。一个名叫林元的年轻采珠奴，在一次采珠时被美丽的鲛人救起。他们相爱并结为夫妻，从此隐迹茫茫大海，过上了幸福的生活。

南海

那些辉煌灿烂

千帆竞渡，百舸争流，商船游弋，港口繁忙，海上丝绸之路带来一段抹不去的峥嵘景象。沉重的铁锚拔出水面，起船的号子喊破海浪，一艘大船鼓起满腔梦想，起航向着远方。茶叶、丝绸、陶瓷漂洋过海，传播华夏文明，又在沿途摘来异国奇香，添一抹风韵给龙的故乡。拨开浓稠绵密的海风，载起民族嘱托，沟通寰宇国邦，谱写海洋大国风华绝代的壮丽诗行。挥洒背井离乡的泪水，华侨多番下南洋，让朵朵文化奇葩盛开在异域。心灵浩瀚，海洋情长，那些辉煌灿烂的历史，书写着永远不会退色的南海梦想……

古老航道——海上丝绸之路

宛若一条闪亮飘逸的绸带，静静沉睡在南海的怀抱里；又如古代书画家信手一抹，一条曲折蜿蜒的筋络在南海浮现。内里流淌着厚重的历史，又奔涌着博大的文化，这就是我们为之自豪的海上丝绸之路。顺着蔚蓝海面上那柔韧的线条，让我们穿越鳞次栉比的船只，让我们掠过交织纵横的帆影，一同去捡拾这辉煌海路的斑驳史绩，追寻古老先民的飒爽英姿。

丝路蜿蜒

摊开地图，从我国福建、广东沿海的港口出发，经过南海，与南海周边的海岸擦边，在东南亚各国休息片刻，小心穿越马六甲海峡，横渡印度洋海域，在印度半岛短暂落脚，渡过阿拉伯海，在波斯湾游览一遭，再进入狭长的红海，在沿岸各海港略作停留，然后去拜访非洲大陆的东部沿海。此刻，一条清晰而曲折蜿蜒的线条形成了。这条线已经存在了2000多年，从未中断，它便是海上丝绸之路的南海航线。

我们在地图上轻易就能勾勒出这条古老的航道，却无法体会到先民在开拓这条航道时面临的千难万险。顺着时间的线索细细寻求，似能触摸到南海丝路的遥远脉搏。

　　秦汉时期，海上丝绸之路就已崭露头角。汉武帝征服岭南后，曾派遣使者携带丝绸、黄金等贵重礼物，从海港徐闻出发，经由海路拜访东南亚和南亚各国。《汉书·地理志》中保存了这条海上航道最早、最详细的记载，海上丝绸之路自此崛起。但此时，陆上丝绸之路方兴未艾，是东西方交流的主力大道，海上丝绸之路只是一个有力的辅助。两汉时期，南海航线的海路就已经西达印度、波斯，南及东南亚诸国。

　　隋唐时期，国力强盛，对外交流大大加强，与西方的贸易往来频繁，但陆上丝绸之路沿途各国关卡重重，使得此路的安全性和可靠性降低；加上西域各国战火不断，陆上丝绸之路被战争阻断，海上丝绸之路取而代之。此时的造船、航海技术有了一定的发展，人们得以西进到更远的海域，承载货物的船只从广州出发，经由东南亚和南亚各国，并能通过红海到达地中海沿岸，最远可以抵达非洲东部。因为出发点是广州，这条海道便被称为"广州通夷海道"。这条当时世界上航程最远、交通最繁忙的海道，衔接起了100多个国家经济和文化的交流碰撞。

　　宋元明时期是我国海洋事业发展的高峰时期，璀璨的华夏文明结出了累累的文化和经济硕果。宋代以后，北方地区战乱不断，南宋时政治和经济中心南移，使得东南沿海的商品经济自此蓬勃发展，为海外贸易提供了强大后盾。航海技术突飞猛进，北宋开始运用指南针进行海上导航，元明两代的航海罗盘导航更为便利，确保了海上船舶的安全航行。尤为难得的是，宋元统治者重视并鼓励海外贸易，设立了专门的管理机构市舶司，以保障海运及海上贸易的顺利进行。始自秦汉的造船业

历史悠久，又在宋元明这一历史时期内登峰造极，我国跃居世界船舶制造大国的前列，泉州、广州成为举世闻名的造船中心，所造的船只从船身设计到功能都处于世界一流水平，当时世界上的远洋航线成了我国船舶的天下。坚固的船舶满载着珍贵的货物穿越风浪，去开辟更为遥远的航道。元代时，海上丝绸之路最远涉足非洲北部和东南部的地区，而明代时的郑和下西洋更是将这条古老的海上航道推上荣誉的最高峰。

到了清代，清政府实行闭关锁国等海禁政策，致使海上丝绸之路盛况不再，倒是西方此时的航海技术迅猛崛起，将世界上的各条海道打通，而古老的海上丝绸之路由此也成了一条国际环球航线。

海上丝绸之路的开辟凝结了我国历代劳动人民的智慧和血汗，是中华民族开拓力和创造力的集中体现，同时也融入了世界各国人民的贡献。自开辟之日起，海上丝绸之

⬇ 丝绸和瓷器

路就默默承担着一份厚重的历史使命，不仅沟通起南海周边的国家和地区，同时也架起了东西方交流的海上走廊。顺着这条古老的丝路，我们能够读出历朝历代社会经济、海外贸易、文化交流的盛况，更能从那些精美绝伦的大船中洞悉古代造船业的无限精彩。一艘艘船舶奔波在这条繁忙的海路上，千百年来不停地传递着光彩照人的历史薪火。

多彩贸易

海上丝绸之路船只来往穿梭，进行着多彩的商品贸易，我国的丝绸、茶叶、瓷器等纷纷运往海外，香料、象牙、玛瑙等外国特产也被输入国内。文化福音、科技光芒、经济硕果……世界各国经由海上丝绸之路得以互通有无，分享着人类的财富，在海洋之上成就着一段段千古不衰的异域对话。

丝绸贸易

我国从海上航线最早、最主要输出的是丝绸，因此，这条海上航线自然就被冠以"海上丝绸之路"的美名了。我国是世界上最早植桑养蚕的国家，丝织技术名列世界前茅。从汉代张骞出使西域开始，丝绸成了我国销往海外的最主要商品。丝绸所到之处，受到人们的大力追捧，古罗马人更是以能穿上精美的丝绸为荣。丝绸贵比黄金。人们通过海上丝绸之路将丝绸带至东南亚和南亚各国，使它风靡地中海沿岸以及非洲地区，不仅获得了丰厚的利润，更将中国悠久的丝绸历史和丝绸文化远播海外。

↑ 茶叶

瓷器贸易

宋元时期，瓷器渐渐成为主要的出口货物并通过海上丝绸之路运往海外，海上丝绸之路因此又被称为"海上陶瓷之路"。中国陶瓷文化源远流长，宋元两代的陶瓷业更是空前繁荣。陶瓷技艺巧夺天工，全国名窑林立，如宋代五大名窑的汝窑、官窑、哥窑、钧窑、定窑，以及景德镇窑、龙泉窑等窑场的产品特色浓郁，瓷器制品精美绝伦，被带往海上丝绸之路所能到达的各个沿海国家，深受当地人的喜爱。跟随瓷器出海的还有制瓷技艺，使得这一份源自中国的古老文化供人类共同分享。

↑ 瓷器

茶叶贸易

我国是茶树的故乡，也是茶文化的发源地，从《神农本草经》和茶圣陆羽的《茶经》等文化典籍中，我们可以领略茶叶的历史和茶文化源远流长的身影。早在西晋时，饮茶之风就已经进入了南亚。宋代时，阿拉伯商人定居在福建泉州运销茶叶。16世纪初，葡萄牙商船到中国通商，展开了茶叶在西方的海上贸易。明代郑和下西洋，茶叶随之销售到南亚、西亚和东非各国。明代末期，1610年，荷兰商船首先从澳门运茶到欧洲，打开了中国茶叶销往西方的大门。清朝，茶叶成为出口量最大的一种商品。18世纪60年代以后，随着英国对外贸易的扩大，中国平均每年有大量茶叶销往欧洲，海上丝绸之路功不可没。18世纪，饮茶已成为一种时尚风靡欧洲，人们手执精致的中国瓷制茶具，慢品细酌，别有一番优雅气派。来自中国的茶文化在西方被注入了新鲜的元素，茶叶也被认为"无疑是东方赐予西方的最好礼物"。

⬆ 香料

香料贸易

我国经由海上丝绸之路输出商品，获得经济利益，当然也会从海外输入商品。其中，引入最多的要数香料，因此，海上丝绸之路便得到了另一个芳名"海上香料之路"。我国古代的商人经海上丝绸之路将丝绸、茶叶、瓷器等物品运往南亚、东南亚、印度洋等地区，又从当地采购盛产的丁香、肉桂、豆蔻、胡椒等香料运送回国。郑和下西洋时更是大力搜罗香料，通过购买或交换的方式获得一些我国所稀缺的香料、染料等物品。1974年在泉州湾发掘出来的大型宋代沉船，船上的货物主要是香料，包括降真香、檀香、沉香、胡椒、槟榔、乳香、龙涎等。不仅我国通过海上丝绸之路采购香料，西方国家更是趋之若鹜，他们也通过海上丝绸之路到达印度洋、南亚等地，购买囤积香料，以此获取丰厚的利润。香料在古老的海道上一路飘香。

丝路起点——古港掠影

拂去史图上的尘埃，让海上丝绸之路的始发港——展露容颜，每一次停靠，每一次出航，宁静的港口成为远洋船舶温暖的臂弯。徐闻、合浦、广州等美丽的南海港口，迎来送往磅礴海船，又将珍贵的货物细细盘点。南海边的千年港口，既是陆地的窗口，也是海岸的眼睛；无论是从内向外，还是从外向内，座座港湾容纳下东西方文化交流的古老印象。

徐闻港

徐闻古港位于我国大陆最南端的雷州半岛，三面环海，拥有柔和的海岸、俏丽的椰林、松软的沙滩，还有那眺望南海的标志性建筑灯角楼。到此游览，映入眼帘的便是这绮丽的热带风光。在汉代以前徐闻古港就已发迹，汉代的"海上丝绸之路"将它列为始发港后，徐闻也有幸在历史上留下了一笔。

从《汉书·地理志》的记载中，我们得知了徐闻古港的旧日面貌。作为海上丝绸之路始发港的徐闻，曾一度立下了汗马功劳。汉武帝派遣使臣出访东南亚和南亚各国，最远抵达印度东南部海岸和斯里兰卡等国，使臣率领船队出海的起点便是徐闻古港。其后不久，便有船舶陆续从徐闻出海，将瓷器、丝绸等货品运输出去，而外国的香料、宝石、琉璃器皿也从此港输入国内。汉代的徐闻港经过发展壮大，包罗了讨网港、三墩港、鲤鱼港等，面积较大，码头众多。古谚云"欲拨贫，诣徐闻"，意指想要脱贫致富，就到徐闻去，可见徐闻当时的富庶繁荣。

↓ 徐闻港

汉代的造船技术尚且不能造出可以抗拒大洋浪涛的大型船只，海上交通只能在近海进行，而徐闻距离东南亚最近，又可沿着海边行船，安全稳妥，因此，这里就成为中国汉代海上对外经商交往的最早港口，成为整个汉朝的重要口岸。与南海的诸多港口不同的是，徐闻古港只是一个纯粹的海港，并无河运与大陆相通，其他海港大多位于河流的入海口，既是河港又是海港。因此，当时徐闻古港作为汉代丝绸之路的始发港，货物、人口的流动运输唯有依靠海路，货物的集散还要依赖雷州半岛的其他海港以及海南岛。当货物囤积到一定数量后再选择合适的季节，越过琼州海峡，进入北部湾沿北岸自东北至西南行驶，踏上漫漫的异国旅程。

从20世纪60年代起，考古学家在徐闻陆续发现了大量汉墓群。90年代初，随着进一步的考古发掘，一大批汉代文物如瓦当、陶器、纹砖等被公之于世，文物专家以此为据，推论出了徐闻二桥村和仕尾村一带就是徐闻古港的遗址。汉代以后，徐闻古港被其他港口代替而销声匿迹。如今的徐闻物产丰富、自然景观秀丽，唯有那厚重的历史遗址和文物古迹还能让人们记挂起徐闻古港汉代时的芳踪。

合浦港

像徐闻港一样，在《汉书·地理志》中，我们也能看到有关合浦港旧容的记载。合浦港是众多海港的合成，包括今北海、铁山、大风江等天然港口。合浦港成为汉代海上丝绸之路的始发港口，得益于四大优越条件：优越的地理位置，发达的水路运输，丰富的物产资源，岭南政治、经济中心的身份。

⬆ 合浦古港出土文物

⬅ 发掘合浦古港遗址

从地理位置上看，合浦港地处北部湾顶的中枢位置，东临徐闻等海港，又与海南岛相距不远，海上交通十分便利，靠近东南亚沿海各国，船只自合浦港出发沿海岸西行可抵达越南，向南航行可以探访东南亚各国，过马六甲海峡可至印度、斯里兰卡等地。从水路交通上看，合浦位于南流江出海口，河川纵横，连通内陆。秦汉时期，中原与南海的交通主要依靠水路，秦朝修通的灵渠，以及西汉后期开凿的河道，使湘江、桂江、北流江、南流江水系贯通，中原至合浦出北部湾的水道通畅，故而合浦占尽地利，方便商货往来。如此

↑ 远航广州的瑞典哥德堡号

一来，合浦港既可以从事海运，又可以进行河运，自然成为汉代对外贸易的重要港口。合浦物产极为丰富，南流江一带盛产桑麻，丝绸与麻布成为当地特产。沿海又盛产珍珠。除此之外，合浦沿海的鱼、盐资源丰富，并有大量日用陶瓷制品。以上物产都可通过合浦港运至东南亚各国交换当地的特产，进行以货易货的贸易活动。

缘于以上优势，汉朝汉武帝之后一直把合浦视作岭南的政治经济中心和军事基地，以加强对日南、九真、交趾等郡的治理。汉武帝派伏波将军路博德、楼船将军杨仆率领"楼船十万人""会至合浦，征西瓯"；公元178年、184年以合浦港口为军需基地，出兵平息交趾的叛乱，由此可以看出合浦的重要历史地位。西汉时期的合浦已是一座商贸发达、水陆运输畅达、人烟稠密的江海港口城市，史称"南方一大都会"。在此后的宋、明等时期，合浦重要的海运作用依然没有削减。通过合浦，东南亚各国将沉香、檀香、胡椒、苏木、犀角、玳瑁、象牙等商品输入我国，而我国亦从合浦将海盐、珍珠、丝绸、瓷器等大宗货物出口东南亚各国，或经马六甲海峡，过印度洋，进入波斯湾、红海远达地中海沿岸的罗马等国家。

如今的合浦港已然销声匿迹，日益兴起的北海港等港口掩盖了合浦港的熠熠光华。不过，西汉合浦港码头遗址的发现，大批让人叹为观止的汉代古墓及墓中众多文物如璧琉璃、琥珀、玛瑙等舶来品的发掘，拨开了浓厚的历史烟云，充分证明了当年的合浦港在海上丝绸之路中的强大实力。

广州港

朝代有更替，港口有兴衰。地处珠江入海口的广州港，依托珠江三角洲，港湾终年不冻，理想的地理条件让广州港受到海外贸易青睐，逐渐代替了徐闻港与合浦港成为海上丝绸之路的主港，几千年来，商贾云集，航船交织，不仅是海上丝路的起点，更是南海诸多港口的典型代表。

唐宋时期，广州港是南海丝绸之路的第一大港，也是世界著名的东方大港，"广州通海夷道"是当时世界上最长的远洋航线。唐朝在广州设立了市舶使院，宋代设立市舶司，都是专门管理海上贸易的机构。唐代时各国商人纷纷来广州进行贸易。据统计，唐代每日到广州贸易的外国商船10余艘，全年到广州港的商船达4000余艘。诗人刘禹锡就曾赋诗惊赞珠江口外繁荣的商船贸易，有"连天浪静长鲸息，映日帆多宝舶来"的诗句，反映了广州海外贸易的繁荣场景。

宋代推陈出新，一改唐代坐等外国商人来广州进行贸易的被动情势，主动招商贸易。比如987年，北宋政权特派内侍从广州出发，"往南海诸蕃国家"招商。对于能招来海舶的广州地方官，北宋政权还有一定的奖励。在这样的努力下，50多个国家前来广州经商，商船接连而至，广州港成了当时进口香料最多的海港。

黄埔港旧貌（油画）

↑ 古港遗风

元代时广州港屈居泉州港之下，是全国第二大港。此时，同广州有贸易往来的国家达到140多个，风光的广州港令意大利旅行家赞叹不已，发出了"整个意大利都没有这一个城市的船只多"的感慨。

明清时期，广州港的地位又发生扭转。明清时的海禁政策，只允许广州港对外贸易，这样，广州就成为我国海上丝绸之路唯一开放的对外贸易大港。外国商船来到广州贸易，购买我国的生丝、丝织品和茶叶等物件。可以想见，商船密密麻麻停靠在广州港，而港口上更是人流如织、一刻也不得闲的繁荣模样。

如今的广州港与世界80多个国家和地区的350多个港口通航，四通八达的海运航线将我国与东南亚、非洲和欧洲各国紧紧联系在一起，续写着这座千年海港生生不息的光辉历史。

古老的海港在鸡鸣犬吠中静静瞭望着大海，从南海未曾更改的浪花里回顾自己沧海桑田的变迁。出行的海船密布港湾，即将张帆起航，归来的海船停航靠岸，卸下疲惫的商人和沉重的货物。人们在港口的酒馆里畅快宴饮，把酒言欢。觥筹交错间，历史的尘埃缓缓飘落，一些海港渐渐隐退，但它们并没有就此湮灭，而是借助每一只出海的船轻声传唱着海洋之上的丝路花语……

广州造船史

广州不仅是著名的港口，还是古代著名的造船中心。汉代的广州就已经是造船基地，从广州东汉墓中出土的船模数量很多，包括货艇、渡艇和人货并载的航船，从船舱设计到吃水深度都相当巧妙。1954年广州汉墓出土的东汉陶船模，是世上现存最早使用舵的舟船模型，表明近2000年前广州造船技术就达到了相当高的水准。两晋南北朝时，广州能造出载人五六百、载货万斛的船舶，最壮观的当属广州楼船，共四层，高三四米，抵御风浪的能力极强。唐代中后期广州出现了大规模的造船业，可造楼船、游艇、斗舰等六种船，造船技巧居于世界前列。宋代广州的造船业规模更大，所造的船舶巨大，可载数百人和一年的食品，还能在船上酿酒、养猪，当时世界上最先进的航海设备指南针也被用来导航。到了元代，广州建造了能远航印尼的大船500艘，大船气势恢弘，可载上千人，共分四层，卧室、客厅、货仓、厕所等一应俱全，足可见广州造船历史的一派辉煌。

航海壮举——郑和下西洋

说起我国海洋航行的历史，最为人乐道的莫过于郑和七次下西洋的壮举。穿越时间云层的阻隔，装饰华丽的宝船满载贵重的奇珍异宝和祖国的殷切嘱托，循着海上丝绸之路，驶入西洋的千层浪波。那笃定的领航者——傲立甲板的郑和，用睿智目光横扫着远方的西洋海道，开启了前无古人的漫漫求索……

郑和下西洋

正如我们借助众多史料所了解的那样，郑和原本姓马，字三保，回族人，笃信伊斯兰教，少年时被带入明朝燕王朱棣的府中做内侍。后来在靖难之变中，他骁勇奋战，凭借过人的胆识和谋略为燕王朱棣立下赫赫战功，因此，被赐姓"郑"，改名为和，任内官监太监。

朱棣自登基即位起，就一直筹谋着下西洋的行动，也在暗中物色下西洋的统帅。此时的郑和已经积累了渊博的知识，他通晓西洋各国的历史、文化、地理、宗教，具备杰出的外交才能。并出使过日本，取得了一定的成果。另外，郑和从小就跟随父亲习得了一些航海知识，在担任内官监太监时，郑和也曾监造船舶，积攒了丰富的造船经验。凭借自身卓越的优势，郑和深得皇帝赏识，成为下西洋统帅的不二人选。从1405到1433年的28年中，郑和肩挑重任，率领船队完成了七次下西洋的壮举，成为名垂青史的著名航海家。在明朝时，"西洋"泛指文莱以西的东南亚地区，也包括印度洋海域和阿拉伯半岛等区域。

从史书中我们可以得知，1405年7月11日，是郑和第一次下西洋的日子。这一天，苏州刘家港，由62艘船和27400名船员组成的庞大船队整装待发。码头上人群熙攘，围观的百姓争相目睹这难得一见的

← 郑和像

气派景象。大大小小的宝船、座船、兵船、粮船、马船挨挨挤挤，一艘长44丈、宽18丈的巨大宝船尤为抢眼，引发了围观者的阵阵惊叹。此刻，船上人才济济，使臣、卫队、文书、翻译、工匠、差役等组成了强大的出访团，他们即将远渡重洋去践行各自的使命。与他们同船而行的还有国书——明成祖的诏书，国礼——黄金、丝绸、瓷器等，更有大量用于贸易交流的物资。终于，出发的时刻到了，信心满满的郑和拜别故土，率领船队缓缓驶出刘家港，向着福建长乐港进发。

首次下西洋，郑和的视线被沿途新奇的异域风情所牵引。船队一路顺风行驶，不久，到达了爪哇岛上的麻喏八歇国。这里物产丰富、商业繁荣。当时这个国家的东王和西王正在内战，东王战败，他的属地也被西王占领。郑和船队的人员上岸后去集市做生意，却被占领军误认作东王的援军，西王慌乱中竟误杀了170人。郑和手下军官怒不可遏，个个义愤填膺，想要报仇雪恨。此时，西王其实早已追悔莫及，他派使者向郑和谢罪，并承诺赔偿六万两黄金赎罪。深明大义的郑和以大局为重，接受了西王的道歉，使用和平策略将一场血战止息。事后，西王感恩戴德，两国从此和睦相处。这段插曲为以后我国和东南亚各国的和睦共处留下一段佳话，郑和也不愧为一位彰显大国胸襟的"和平使者"。

↑ 郑和船模型

　　离开了爪哇岛，郑和船队又航行至南洋群岛和印度洋沿岸。每到一处停靠时，郑和船队都会交换货物和商品，播撒华夏文明，受到沿途各国的欢迎。郑和船队到达一个地方，就会点燃当地的激情，将那里变成节日的海洋。1407年10月，郑和船队满载收获在人们的期盼中顺利归来，结束了第一次下西洋的探索旅程。

　　1407年至1433年间，郑和又率领船队先后进行了六次大规模航行。每次航行，船队都是从苏州刘家港出发，在福建长乐港驶出大海，踏上漫漫西洋路。经历七次航行，郑和船队所到达的海域越来越远，最远曾达非洲东岸、红海和麦加。累计算来，郑和船队共访问了30多个国家，开辟出42条航线，总航程16万海里以上。但令人痛惜的是，郑和第七次下西洋时已60多岁，在回国途中不幸病逝，长眠在他一生钟情的蓝色航道上。

郑和下西洋一览表

次数	时间	宝船及人员	到达区域
第一次	1405～1407年	62艘 约27400人	南洋群岛、印度洋沿岸
第二次	1407～1409年	48艘 27000多人	南洋群岛、印度洋沿岸
第三次	1409～1411年	48艘 27000余人	南洋群岛、印度洋沿岸
第四次	1413～1415年	40艘 约27670人	南洋群岛、印度洋沿岸、波斯湾、马尔代夫等
第五次	1417～1419年	不详	南洋群岛、印度洋沿岸、波斯湾、红海、非洲东岸
第六次	1421～1422年	不详	南洋群岛、印度洋沿岸、阿拉伯半岛、亚丁湾、非洲东岸
第七次	1431～1433年	61艘 约27550人	南洋群岛、印度洋沿岸、阿拉伯半岛、亚丁湾、红海、麦加

历史印迹

　　历朝历代航海技术和造船业的积淀终于促成了郑和下西洋的千古壮举，这一伟大探索也充分展示了我国古代先进的航海技术。

　　郑和下西洋的规模之大、时间之长、范围之广，堪称世界航海史上的一大壮举，留下了一段辉煌的传奇：郑和下西洋让许多后世的航海举动望尘莫及，相比哥伦布沿大西洋航行发现美洲大陆早了87年，相比达·伽马发现好望角抵达印度早了92年，相比麦哲伦的环球航行早了114年。这些数字足以奠定郑和伟大航海家的身份。而他绘制的《郑和航海图》更是留下了一笔宝贵的历史财富。海图中记载了530多个地名，其中外域地名达300个，最远的东非海岸有16个，图上标出了城市、岛屿、滩、礁、山脉和航路等，制图范围广泛，内容涉猎丰富，具有极强的实用性，是世界上现存最早的航海图集。

郑和下西洋促进了中外贸易往来和文化交流。郑和船队每次出访都会携带大量的丝绸、茶叶、陶瓷等货物；待到回程时，会交换或采购当地的土特产品，如香料、玛瑙、象牙、犀角等。郑和下西洋，扩充了中外贸易的品种，只进口货物一项就达160余种，直接刺激了东南亚一些岛国的贸易发展。

郑和下西洋促进了中外和平外交关系的建立。他们以"以和为贵"为宗旨，与沿途的南亚、东南亚以及东非各国关系和谐融洽。郑和每次归来都会捎带大批外国使臣或者国王到中国访问，等到下次出访时，郑和船队再将这些人护送回国。据史料记载，明成祖在位期间，同郑和下西洋有关的使节来华高达318次，平均每年就有15次，最多的时候，一次共有19个国家的使者与随从1200多人，创下了世界外交史的纪录，照亮了后世的异域交流之路。

海风撕扯着远行者的风帆，撞动了历史的风铃，和着这清脆悦耳的音律，郑和傲立甲板、笃定掌舵，用勇敢和毅力勾画出优美的海洋航行路线，而友谊的种子已经悄悄撒满海洋。郑和不仅是一位伟大的航海家，更是一位伟大的摆渡者，他将华夏文明摆渡到西洋各国，又将西洋的独特风物摆渡到中国，为后世的和平邦交开启了一脉清泉。

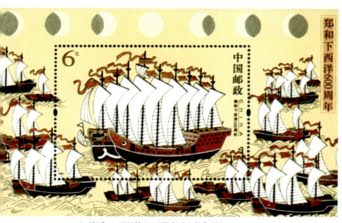

⬆ 郑和下西洋600周年纪念邮票

⬆ 郑和船队模型图

文化桥梁——南海华侨

　　曾几何时，在南海的无数渡口，背井离乡的华侨，洒泪告别亲人和故土，向着遥远的南洋飞渡。千里海路，危险丛生，对生活的希冀和憧憬，支撑了华侨的义无反顾，即便是沉落大海，葬身鱼腹，也不改南渡初衷。漫漫南洋路，留下多少深邃的游子情怀。野草隔夜盈尺，岁月倏忽沧桑。如今，文化的种子已然长成参天大树，在南洋的阳光雨露中吸吮着各种文化元素，形成了特色鲜明的文化景观。

华侨下南洋

　　所谓南洋，在明、清时期是对东南亚一带的称呼，包括马来群岛、菲律宾群岛、印度尼西亚群岛，也包括中南半岛沿海、马来半岛等地。由于战乱等种种历史原因，与我国毗邻的南洋成为我国特别是东南沿海居民的迁徙地和避难所，这种漂洋过海到南洋谋生的浪潮，史称"下南洋"。

⬆ 下南洋

　　我国华侨下南洋的历史悠久，可以追溯到2000多年前的汉代，从历史文献中我们可以发现先民迁居的蛛丝马迹。唐朝时期，我国与东南亚的交流加强，唐代移民增加，被当地人称为"唐人"。随着航海技术的发展，南宋以后，华侨下南洋的数量增多，比如南宋被元灭国后，大批遗臣遗民争相前往南洋。到了明清两代，华侨下南洋的规模更加庞大，掀起了移民东南亚的风潮，华侨在南洋的分布也日渐广泛。鸦片战争之后，中国社会动荡不安，百姓生活异常艰难，民间便掀起了下南洋的高潮，下南洋的人数骤升；到1890年，在南洋的华人华侨有300万，1906年则高达400万。

　　在下南洋的队伍中，南海沿岸的广东、广西、海南等地的人源占据重要席位。这些省份距离南洋最近，便于往返，且当地居民依傍南海生存，熟悉水性，有一定的驭船渡海能力。除此之外，黑暗的生活条件是促使他们下南洋的最主要原因。晚清时期，相比于其他地区，这些省份遭受战火荼毒尤甚。为了维持生计，改变命运，人们一批又一批偷渡到南洋谋生。因而，南海沿岸地区的百姓成为下南洋的主力军。至今，广东有2000多万华侨漂泊海外，遍及世界100多个国家和地区，主要分布在东南亚的印度尼西亚、泰国、马来西亚、新加坡、菲律宾等地。

华侨抵达南洋，或者依靠出卖苦力为生，或者通过经商维持生活，在异国他乡顽强生存下来，背井离乡的辛酸在时光中渐渐沉淀。然而，远渡的华侨并没有忘怀故土，家乡和祖国一次次占据南洋游子的梦境；当祖国在危难关头，他们更是挺身而出，贡献着自己的绵薄之力。抗日战争期间，南洋华侨发挥了巨大的作用。他们有的慷慨解囊，捐赠飞机、坦克、药品等物资，支援前线；有的回国参军，血洒疆场；有的以创办报纸、办电台等形式宣传抗日。其中，祖籍广东新会的华侨郑潮炯，自17岁起远赴南洋谋生，为抗日救亡，他只身奔波南洋，仅靠一人之力就筹集抗日救亡款18万元之多。太平洋战争爆发后，华侨踊跃参军，加入到保护南洋——第二故乡的队伍中。可以说，华侨为抗日战争立下了汗马功劳，他们赤诚的爱国之心，高唱出一曲华夏儿女的英雄赞歌。

⬇ 越南潮州会馆

华侨文化

从广东、海南等地走出的华侨涌入南洋之后，在东南亚社会发展中扮演了重要的角色。华侨的组成参差不齐，有商人、知识分子等社会精英，更有水手、工匠等普通百姓，他们在不同的岗位上，为当地的经济、社会、文化发展发挥着不可估量的作用。

在商业方面，华侨在南洋各地从事商业活动，从基础商业活动，如货物的供给和商品的流通，到海外贸易网络的建构，都有华侨的参与。从事农业、渔业和园林业的华侨，为南洋各国的基础产业默默奉献，确保了基础商品的供给；各种能工巧匠——金匠、银匠、雕刻师、画家、织工等手工业者，用勤劳和智慧，为当地商业提供了琳琅满目的货源；更有一些华侨既熟悉当地习俗，对当地语言运用自如，又掌握着一些西方语言，在西方人和当地土著之间充当了沟通中介，使得当地商业蓬勃发展。华侨成为当地政府非常倚重的力量，正如暹罗王室所言："如果没有华侨，宫廷什么买卖也做不成。"为了延续中华文化的命脉，华侨在南洋各地成立会馆，"南洋随地皆有会馆"，如新加坡海南会馆，马来西亚雪隆广东会馆，越南胡志明市的广（州）肇（庆）会馆等。会馆为华人华侨子弟办学校，开展中国传统文化教育，并帮助经济上遇到困难的侨胞等，是推动华人华侨社会发展的重要组织，由此生成了世代兴盛的会馆文化。

在习俗方面，定居东南亚的华侨秉承着祖先的文化传统，各国的唐人街散发着浓郁的中国味道。华侨从衣着、语言、礼仪、饮食习惯等方面，都保留着古老的中国色彩。各种传统节日，如清明、端午等，延续着传统文化的规矩，舞狮舞龙，张扬着浓烈的中国风情。在房屋建设方面，许多华侨把家乡的建筑特色移植到南洋，房屋雕梁画栋，古老的飞龙、彩云等中国元素被雕刻在房屋中，成为醒目的中国标志。由此不难看出，南洋各地保留了醇厚的中华传统文化，让世人目睹了中华文化的卓越风姿。

华侨带着中国的文化底蕴赶赴南洋，又容纳所在国的文化特色，形成了特色鲜明的文化景观，即华侨文化。然而，华侨的文化意义并不止于此，更重要的在于它对中国本土文化进行了一次营养十足的反哺。以广州为例，唐代就已经有广州人移居南洋，广州华侨历史悠久，华侨文化积淀深厚。广州华侨一方面传播中国本土文化和风俗习惯，使得粤菜、粤剧、岭南画派技艺在南洋传播，同时，华侨又注重接受海外文化影响，自觉地进行中西交融，将异域元素引入中国，形成了中西合璧的华侨房屋建设等文化风景。如果说华侨在南洋的文化繁荣是盛开在海外的中国花朵，那么，由华侨传入我国的异域文化元素，则是为中华文化花园栽种下的光彩夺目的奇葩。

南海华侨往来于故乡和南洋之间，海波泛起，海风袭来，缠绕着南洋游子的故园之情。在南洋，他们秉承祖先的遗训默默生活，也许，这些一心谋生的人并不知道，他们许多不经意的举动，会成为铺设中外文化桥梁的砖石。

语言景观——粤语文化

漫长的历史成为难以触摸的过往，唯独那些地方色彩浓厚的语言成为透视历史的万花筒。古老的粤语在南海边终于破茧而生，化作一只艳丽的蝴蝶，扇动着地域文化的翅膀，成为南海语言文化的一个美丽标本。当粤语这古老的语言建成一道美丽的文化堤坝，任何赶海的人都可以行走在这道旖旎的堤坝上，观赏古老南海的文化浪花。

追溯粤语渊源

追溯粤语的渊源和发展历程，从点滴的发展印迹中为粤语文化把脉。粤语是目前我国广东、广西、香港、澳门和东南亚，以及北美、英国和大洋洲华人一些社区中广泛使用的语言。它是汉语的一个分支，发源于我国北方的中原雅言（汉族母语）。它的名称来源于我国古代对岭南地区的"南越国"的统称，在地理上，"越"与"粤"同义。

在历史发展的进程中，由于特殊的地理环境，在南海沿岸区域和东南亚地区，粤语有着强大的生命力和影响力。据统计，目前我国广东省大概1亿人口当中，使用粤语的人口大约有6700万；广西粤语使用的人数大约为2500万，再加上其他地区使用粤语的人，全球总计将近有1.2亿人在使用粤语。在海外，由于华侨有相当比例来自南海沿岸省份，使得粤语成为大多数海外华人社区的最流行语言。在东南亚一些国家的华人社区中，人们从日常交流，到学校教育、经商贸易，再到政府办公、科学

yě

嘢

方言"嘢"释义：

1. 东西；货：有~睇（有东西看）。平~（便宜货）。活儿；事情：做~（干活儿）。讲~。
2. 家伙（指人及物，指人时有贬义）：呢个~真唔听话（这家伙真不听话）。买油要带~嚟装（买油要带家伙盛）。
3. 量词，相当于"下"：打咗（了）两~。

研究、新闻传媒和大众娱乐，粤语都占绝对的优势地位。值得一提的是，目前粤语已经成为澳大利亚第四大语言，加拿大的第三大语言，美国的第三大语言。此外，粤语也是唯一除普通话外在外国大学里有独立研究的一种汉语。

灿烂的粤语文化

粤语的发展和传播，不仅表现在人们的日常交流中，更体现在以粤语为中心的粤语文化上，包括艺术、饮食、生活习惯、传统习俗等。

早在明清时期，在南海沿岸的一些地区，民间艺人糅合化装、配乐等元素，发展出了一种新的剧种——粤剧，受到了人们的欢迎。很快，粤剧传播开来。在广东佛山等地区，每逢庙会或祭神，必上演粤剧，甚至亲朋聚会、嫁娶、饮酒也要唱粤剧以助兴，出现了"梨园歌舞赛繁华，一带红船泊晚沙"的繁荣景象。新中国成立后，在国家的支持下，粤剧团纷纷涌现。现在，粤剧工作者利用丰富的文化资源和历史题材，打造出了不少粤剧新剧目，并经常远赴香港、澳门、新加坡、加拿大等地区和国家演出。在粤剧的发展传播上，华侨发挥了巨大的作用，"凡有华侨华人的地方，就有粤剧"。有120年历史的广州"八和会馆"，随着众

⬇ 粤剧剧照

多弟子移民各国，粤剧也得以美名远播，遍及海外。

随着时代的发展，粤语文化又有了新的类型。人们开始用粤语创作流行歌曲，被称为"粤语流行音乐"。从20世纪70年代初开始，粤语歌曲蓬勃发展起来，并在90年代达到黄金时期，至今仍方兴未艾。香港著名歌手徐小凤、罗文、甄妮、谭咏麟，以及张学友、刘德华、黎明和郭富城等，都是凭借唱粤语流行歌曲登上歌坛的。很多歌曲脍炙人口、家喻户晓，很快在国内流传开来，甚至一些不会粤语的人也开始模仿粤语歌曲的唱腔，并以此为潮流，充分体现了粤语歌曲的影响力。

粤语的发展还催生了粤语电影的诞生和流行。抗日战争胜利后，香港的电影业蓬勃发展，在20世纪七八十年代达到高峰。为了让电影进入大众生活，很多电影工作者拍摄以粤语为电影语言的影片，取得了巨大的成功。这些影片的主要类型有文艺片、武打片、喜剧片等，反映了粤语区人们的日常生活和理想追求，歌颂了人与人之间的真情、爱国情操和乐观精神。很多粤语电影经由香港传到内地后，也博得了内地观众的欢迎。目前，粤语电影的生产大多在香港进行。在那里，粤语电影仍然是华语电影（包括海外华人社会）的主要组成

↑ 唐人街的粤语招牌

部分，也是电影出口的主要产品之一。粤语电影的繁荣，使一些电影生产商和一大批导演和演员的知名度迅速提升。

　　作为中华文化的一脉支流，粤语文化吸收了地方文化和西方文化的养分，在传播中获得了强大的生命力，得以奔流不息。语言的张力，艺术的美感，影视的冲击，粤语文化越来越趋向于多元，在保留古朴的传统底蕴之时，披上了一袭时代的光艳服装。当粤语的音节在音乐的旋律中款款出场，粤语文化掀起了中华民族文化海洋的一股海浪。

粤语

　　粤语的诞生和发展源远流长。早在秦汉时期，岭南地区的人们就拥有自己独特的语言，这是粤语出现的雏形。后来，随着中原人口向南迁移，从中原传入的汉语与以前形成的古粤语混合，缩小了古粤语和中原汉语的差别，汲取了古粤语和中原汉语优点的粤语逐渐成长并壮大起来，这一过程一直持续到清末民初。这一时期，随着大量人口向南海沿岸迁移，并到达东南亚地区，粤语也随之传播到世界各地。

南海海洋文明的一角风帆

冲出古老海疆，穿越历史海域，借助漫长的海路和坚固的船舶，悠久的中华文化厚积薄发。海上丝绸之路既航行过郑和的船队，也闯荡过无名的商人。无论是磅礴的宝船，还是瘦小的海船，都用自己的船桨划出异域对话的灿烂波光。承载历史重任的华侨远涉鲸波，从零星的语言到博大精深的文化体系，文化的种子浸透南洋游子的血汗，散落天涯。当时间的泥沙席卷过辉煌的南海历史，中华海洋文明的一角风帆在先驱者的坚忍中奋力张扬。

时间是一支神奇的画笔，勾勒出海洋文明的俊美妆容，装扮了海洋辉煌的厚重内蕴。当历史被时间遮隐，沉静的博物馆，喧闹的文化旅游区，用古朴的格调和现代化的元素，诠释着那盛极一时、迁延万世的不朽辉煌。漫步在古典的石径，欣赏着不老的波涛，一种厚重的历史感和自豪感溢满心田……

徐闻大汉三墩风景区

徐闻大汉三墩风景区位于广东省徐闻县南山镇，以"汉代海上丝绸之路"文化为主题，是融汉代丝路遗风、渔村人文风情、自然生态为一体的汉港丝路文化旅游区。主要景观有汉港大堤、丝路海图、汉代灯塔、祭海神台等。人们在此，既可领略自然风光，亦可观赏历史文化古迹，品味徐闻古港的峥嵘岁月，回溯2000多年海上丝绸之路的辉煌历史。

广东华侨博物馆

广东华侨博物馆地处广州二沙岛，现有藏品4000多件，全面系统地展示了广东华侨华人的发展历史。它既是传承中华文化的爱国主义教育基地，也是维系华侨、华人与广东家乡的坚韧纽带。此馆的最大亮点就在于广大华侨的无私捐助，其中包括华侨护照、粤剧戏服、华侨票据、孙中山纪念邮票、广彩瓷、玉器、字画等收藏品以及古代文物，用实物和文字向人们讲述着华侨的故事。

广东海上丝绸之路博物馆

广东海上丝绸之路博物馆由五个不规则的大小椭圆体连环相扣组成，外形犹如古船龙骨，整体像起伏的海浪，又如展翅的海鸥，它于2009年12月25日正式开放。其中，最引人注目的当属镇馆之宝——宋代沉船"南海Ⅰ"号。广东海上丝绸之路博物馆怀抱珍贵的文物，向人们昭示：历史不是过眼云烟，而是我们这个古老民族的生命脐带。

南海

那些抹不去的记忆

SOUTH CHINA SEA MEMORIES

05

> > > > **05** > > >

　　乌云密布，浊浪排空，野心勃勃的舰船排满苍茫南海，贪得无厌的火炮瞄准浩瀚疆土，海上争夺轮番上演。古老的史册典籍拿出如山铁证，让劫掠者鲸吞蚕食的恶行无所遁形。多少英雄奋力厮杀，不论是炮火交锋，还是赤身肉搏，南海儿女用弱小的生命铸就伟大的海上长城，在血雨腥风中捍卫千古版图。当港澳回归的乐声响起，被掳走的稚子回归故土，遗恨的英灵得以告慰，民族丰碑在坚守里傲然崛起。无数次剑拔弩张，无数次樯倾楫摧，南海早已宠辱不惊……

千古版图——南海诸岛

无论是凌空俯瞰，还是亲近触摸，南海诸岛——这些镶嵌在蓝色海洋中的珍珠，都是南海心头难以割舍的情结。沐浴万古自然风雨，穿越千载历史风烟，南海诸岛不改其俊美本色。当虎视眈眈的外国入侵者妄图染指南海岛礁，英勇无畏的南海儿女让这些罪恶的黑手化为泡沫，在坚守的信念里谱写保家卫国的潇潇战歌……

史册寻踪

在遥远的秦汉时代，华夏民族的祖先就已将足迹洒遍南海的岛屿和波浪间，大规模的远洋航海通商和渔业生产活动，使得南海端居重要海上航路的名册。祖先们无数次泛舟南海，在风雨中穿行，由此，他们发现了那些散落的岛屿礁滩，并为它们一一命名。东汉班固的《汉书·地理志》中有关于汉武帝派遣使臣经南海航行至海外各国的记载。三国时期的东吴，孙权曾派朱应、康泰出访东南亚各国，康泰将这次出访的见闻撰写进《扶南传》，在这本书里，南海诸岛的地理情况都有着清晰准确的记录。

及至唐宋，经济繁荣，对外交流增加，指南针在海上航行中派上用场，南海航行和生产的足迹也更加频繁地印留下来。由此，史册典籍对南海的航路以及岛屿方位、名称等的考察记载更为详尽。《旧唐书·地理志》中就有振州管辖海南岛南部海域的记载。南宋地理学家周去非和赵汝适在自己的著作中对南海诸岛的情况也多有描述。在《岭南代答》中周去非如此记载："东大洋海，有长沙、石塘数万里。"这里的"长沙、石塘"就是指南海诸岛。赵汝适一边进行多方面的调查询问，一边参照《岭南代答》，在1255年选纂写成《诸蕃志》，书中描述道："贞元五年以琼为督府，今因之……至吉阳（今三亚市），乃海之极，亡复陆涂。外有州，曰乌里，曰苏吉浪，南对占城，西望真腊，东则千里长

永兴岛

沙、万里石塘，渺茫无际，天水一色。"当中不仅指出"千里长沙"、"万里石塘"就是中国的南海诸岛，也印证了它们早在唐代就已划归海南岛管辖。

到明清时期，众多的地图、书籍和地方志将南海诸岛的情况记载得更为完备。在地图上，郑和七次下西洋，对南海航线颇为熟稔，绘制出举世闻名的《郑和航海图》，被明末儒将茅元仪收入《武备志》。此图清晰标画了南沙诸岛的形状、方位和名称，明确地把南海诸岛划在我国版图。清代陈伦炯对海洋有着浓厚兴趣，并积累了多年的研究成果。他在《海国闻见录》中的附图《四海总图》上，明确标绘了南海四大群岛的地名和位置。后来，清政府开展了大规模的全国地图测量，编绘了多种多样地图。《大清一统天下全图》、《清绘府州县厅总图》和《古今地舆全图》等官方图册陆续问世，而清代著名学者魏源受林则徐重托，编纂出版《海国图志》，内有《东南洋沿海各国图》。清代这些图册中都绘有南海诸岛，并将它们列在我国疆域的版图内。

明清时的海洋典籍丰厚，郑和"七下西洋"的随从人士所著《星槎星览》、《瀛涯胜览》、《西洋番国志》等，留下了许多南海及南海诸岛的宝贵资料。航海著作风行一时，顾蚧的《海槎余录》、黄衷的《海语》等，也详细描绘了南海航行、岛礁分布及其地理特征。当时出现的海防类著作，把南海诸岛作为我国海防的重要"门户"，清代的《海防辑要》就把西沙群岛等岛屿列为我国的海防区域。

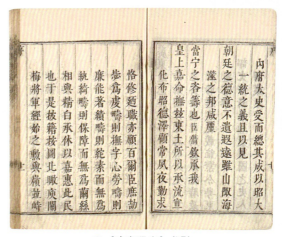

⬆ 《广东通志》书影

明清是地方志鼎盛的时期。明代修纂的《广东通志》、《琼州府志》、《万州志》等地方志书，都辑录了南海诸岛的相关资料，并把它们列为海南岛的附属岛屿。从明代《琼台志》中我们可以看出当时已把西沙、南沙群岛作为我国的海防区域。这些史料记载，无不为南海诸岛归属我国版图提供了强有力的佐证。

千里长沙、万里石塘，南海诸岛的名字百变不离其宗，它们是我国版图上的珍宝。史书之海，茫无涯际，卷帙浩繁的史册典籍已经提供了确凿有力的证据，将响当当的事实摆在世人面前。远逝的祖先不会得知，他们当初抱笔辑录的南海史记，会为后世提供多么强大有力的证词。当我们借助一叶历史的风帆溯流而上，历数那些闪光的汉字史册之时，片片沙洲，点点礁石，腾挪开一座座坚固的堡垒，筑守在湛蓝清澈的南海画境之中。

西沙保卫战

海碧天蓝，椰林掩映，美丽的琛航岛点缀在南海西沙群岛之间，肃穆的烈士陵园里长眠着18位英雄，笔直的墓碑在海风中静静站立，似乎在瞭望1974年那场壮烈的海战。

浪花朵朵，拍打着美丽的西沙，这块风水宝地招来了侵略者的垂涎。自20世纪50年代起，越南蓄谋已久，图谋霸占南海诸岛。1954年，"南越"侵占了西沙珊瑚岛等岛屿，又将贪婪的目光望向了南海的其他岛屿。1973年9月，"南越"非法宣布将南沙群岛的太平、南威等十多个岛屿划入其版图之内。我国政府于1974年发表严正声明，谴责"南越"当局肆意侵犯我国领土的行为，并重申中国对南海诸岛拥有领土主权。"南越"对我国政府的严正警告充耳不闻，竟于1月15日，派驱逐舰16号入侵西沙永乐群岛海域，挑衅在甘泉岛附近从事捕鱼作业的我国渔轮，并炮击插着我国国旗的甘泉岛。17到18日，越方又增派驱逐舰4号、5号及护航炮舰10号进一步入侵，强占了金银岛和甘泉岛，企图以此为据点，继续侵占其他岛屿。

面对得寸进尺的"南越"，我国领导人当机立断，要对"南越"还以颜色。1974年1月19日，浓密的炮声划破了西沙群岛上空，惊慌失措的海鸟飞散，成群的海龟游鱼纷纷逃难。中越舰艇对垒，激烈的西沙保卫战打响了。"南越"战舰炮火猖狂嚣鸣，我国军舰猛烈还击，击退了对方的多番进犯。经4个多小时激战，在军力对比悬殊、敌强我弱的情势下，我军成功击沉"南越"护航炮舰10号，击伤"南越"四艘驱逐舰中的三艘，它们在负伤后匆忙逃窜；共俘虏敌军49人，我方18人在此次战役中壮烈牺牲。1月20日，我军乘胜收复甘泉、珊瑚和金银三岛。至此，中国人民解放军用胜利为西沙保卫战画上圆满的句号。作为中国海军战史上光辉的一战，西沙保卫战沉重打击了"南越"当局的扩张野心，捍卫了国家领土主权。

南沙保卫战

经过西沙保卫战的打击，越南当局的野心并没有熄灭，又企图侵略我国南海诸岛。对于越军的一再入侵，我国政府在西沙保卫战后，一直以和平的外交手段争取主权。1987年2月，联合国教科文组织委托我国建立5个海洋观测站，其中两个分别建在西沙和南沙。我国政府经过考察，决定在南沙群岛的永暑礁建立第74号海洋观测站。得知我国要在南海建立海洋观察站，越南当局按捺不住，紧锣密鼓地侵占南沙群岛。

　　1988年1月14日，我国海军掩护工程部队将部分建站材料运上永暑礁，没过几天，越南海军抢占了附近的几座岛礁。1月31日，越南派出2艘武装运输船，企图强占永暑礁，遭到我国海军拦截，越军只得放弃行动。但越军并未就此死心，又转而抢夺华阳礁。2月18日，我国海军和越南海军抢登华阳礁。我军捷足先登，率先插上五星红旗，越军后插上国旗，双方对峙不久，他们败下阵来。越军在华阳礁上没有得到任何便宜，便又接连吞下了未被我军控制的5处岛礁。为了遏制越军的行径，我军共分派15艘军舰集结在永暑礁附近海域进行巡逻保护。3月13日，越军转攻赤瓜礁，我方502号护卫舰全速赶至。下午，越军三艘舰船围困赤瓜礁海域，我军又派531号战舰赶来增援。3月14日，赤瓜礁战斗打响。越军虽然看似气势凶猛，但被我军狠狠压制，越军两艘舰船被击沉，505登陆舰中弹，前炮被毁，驾驶台浓烟滚滚，战舰失火，摇摇晃晃驶向鬼喊礁。后来，此舰在鬼喊礁整整燃烧了5天。最终，越军40多人被俘，越方伤亡约400人。整个战斗中，我国海军始终占据上风，使得原本猖狂的越军狼狈败归。

　　此次战斗，用时短暂，纯粹的海上战斗不到50分钟。相比于西沙保卫战，南沙保卫战的规模较小，但却深刻影响了整个南海局势，不仅再一次沉痛打击了越南当局企图霸占我国南海岛屿的嚣张气焰，也向世人展示了中国军人的坚毅风姿。

　　厚重的经史典籍供后人在字里行间追寻南海诸岛的历史足迹，文字的砖石铺就祖国版图的千年地基。威武的海军将士用铁血军魂构筑起绵延不绝的海上钢铁长城，每一次浴血奋战，每一次勇猛厮杀，无不向世界庄严宣告：领土不容侵犯，主权不容践踏。如今，守卫在南海岛礁之上的将士，正用无悔的青春和热血护卫着那面鲜艳的五星红旗……

南海诸岛的管辖史

　　西汉时海南始置珠崖、儋耳郡，标志着中央政权对海南岛及南海诸岛直接统治的开始。自此以后，我国对南海诸岛的行政管辖从未中断。唐初，海南岛建置有崖州、儋州、振州，管辖海南岛及其南部海域。宋元两代，吉阳军直接管辖南海诸岛。明初，海南设立统一的地方行政管理机构——琼州府，南海诸岛划归琼州府领属的万州管辖。清朝沿袭明代旧制度，中沙群岛、南沙群岛、西沙群岛仍由海南万州管辖，东沙群岛归属惠州管辖。中华人民共和国成立后，中国政府继续对南海诸岛及其海域行使主权。1959年，我国政府在南海诸岛设立办事处，组织开发建设工作。2012年，三沙市在永兴岛成立，体现了我国对海南省西沙群岛、中沙群岛、南沙群岛的岛礁及其海域的行政管理体制的调整和完善。

探海利器——"蛟龙"号

　　汪洋恣肆的南海吐纳着无尽的峥嵘，昔日璀璨的辉煌翻卷着先辈不朽的风姿。沧海横流，沙洲海岛上，一行行形状鲜明的脚印，是华夏民族上下求索的坚韧印迹。大浪淘沙，长天细浪里，一串串久经磨洗的珠贝，是炎黄子孙不懈奋斗的艳丽奇葩。铸就辉煌的先民怀抱着曾经的骄傲沉沉睡去，而澄明万丈的海洋中，一尾承载使命的"蛟龙"自由沉潜，上下奔腾，那是龙的后裔秉承信念探究海底的壮怀，那是现代科技淬火历练后释放出来的骄人魅影，那是梦想实现时喷薄而出的冲天水花……

探秘海底的澄明之梦

　　云影流尽碧空，鱼群泅渡时间的沟堑，偏远的南海风涛沉静下来，闪现着耐人寻味的神秘光芒，强劲有力的新鲜浪头铮铮作响，日夜刷新着时代的辉煌篇章，当探秘海底的梦想在当代人的热血中沸腾起来，一支汇聚民族精神和海洋梦想的接力棒，已由先人之手传递过

↑ "蛟龙"号（入水）

"蛟龙"号

　　"蛟龙"号载人潜水器长8.2米，宽3米，高3.4米，空重不超过22吨，最大荷载240千克，最大时速每小时25海里。它的外形像一条胖胖的鲨鱼，有着圆圆的白色"身体"，尖尖的橙色"头顶"，身后装有一个X形稳定翼，在X形的四个方向各有1个导管推力器。理论上它的工作范围可覆盖全球99.8%海洋区域。

来。人们殷切盼望有朝一日，能潜入海洋的腹地，去探寻那些蛰伏在无数人心中的质问：博大的海洋下面究竟暗藏着怎样的玄机？又到底涌动着怎样的生命传奇？

2010年7月的一天，南海某海域海面上晴空万里，波平浪缓，在我国自行研制的大型科考船"向阳红09船"的甲板上，工作人员正紧张地忙碌着。一艘造型奇特的舱式机器被他们用钢缆挂起，并被起吊机拖离甲板，慢慢送入水面。伴着飞舞的海浪，这架搭乘着三名潜航员的机器劈开水面，以每分钟37米的下潜速度缓缓消失在大海中。这架神奇的机器就是我国首台自主设计、自主集成研制的深海载人潜水器——"蛟龙"号。在潜入南海一个小时后，"蛟龙"号突破了3682米的世界海洋平均深度，到达3759米深的南海海底，平稳附着在海底。10分钟后，"蛟龙"号传回了首张海底图片。接下来，激动人心的一幕出现了：潜航员操控机械手，把一面鲜艳的五星红旗和寓意中国载人深潜成功的龙宫标志物插到了3759米的海底。在"蛟龙"号灯光的辉映下，国旗似乎随着海水的流动而飘舞，在鱼群和海底植物的衬托下，显得格外灵动。在完成了9个小时的海底作业后，"蛟龙"号顺利浮出海面，中国首次载人深潜3000米级海上试验取得圆满成功。

"蛟龙"号

🔵 "蛟龙"号海底插国旗

在南海开展的3000米级海上试验的成功只是"蛟龙"号下潜的一次阶段性收获，2012年6月，在西太平洋马里亚纳海沟区域，"蛟龙"号又一举拿下深潜7062米的最新纪录。这意味着"蛟龙"号已成为世界上下潜能力最深的作业型载人潜水器。

"蛟龙"号的研制始于2002年，中国科技部将"蛟龙"号深海载人潜水器研制列为国家高技术研究发展计划（863计划）重大专项，启动了"蛟龙"号载人深潜器的自行设计、自主集成研制工作。6年后，"蛟龙"号成功问世。从研制"蛟龙"号的最初构想开始，人们就在它身上投注了厚重的期望。借助"蛟龙"号，推动我国深海运载技术发展，提高我国深海科学考察和深海资源勘探的能力，提升我国海底作业的技术能力。而初生的"蛟龙"号，犹如新生儿一样攀爬着，试探着，在广袤的海洋历练中一步步成长起来。从2009年8月"蛟龙"号小试身手开始，1000米，3000米，5000米，7000米……"蛟龙"号的每一次下潜，定能不孚众望，几乎每当人们对一个数据的欢呼声刚刚尘埃落定，新的纪录旋即又被突破，"蛟龙"号一次次刷新着下潜的深度。

每一次下潜，"蛟龙"号除了冲破深度极限之外，都能有所斩获。它从海底打捞上来许多地质、生物、沉积物样品，记录下许多不为人知的新鲜数据，拍摄了大量珍贵的海底影像资料。这些，无不向人们传递着深海的丰富信息，人们第一次借助"蛟龙"号的眼睛，撩起海底世界的神秘面纱，如此清晰、如此真实地看清海底世界的别样魅力。

年轻而朝气蓬勃的"蛟龙"号将中国人探秘海底的海洋梦勾画得如此棱角分明，轮廓清晰。人们将拭目以待，看这只纵横深海的"海底神龙"如何续写我国海洋文明的新篇章。

续写辉煌的探海利器

南海为"蛟龙"号提供了大展身手的辽阔海疆，南海海底那个一直被向往，却未能被触摸的世界，涌动着深海生命从未被打扰的原初律动，也无时无刻不在召唤着人们前来一探究竟。而"蛟龙"号这个探索海底世界的利器，终于按捺不住，开启了奋力发掘、探索南海奥秘的新旅程。

2013年6月10日，"蛟龙"号首个试验应用航次起航，共分为三个航段，预计需要113天。与"蛟龙"号以往冲击5000米、7000米的深潜不同，这是"蛟龙"号首次搭载专家到深海看世界。第一航段是在南海展开定位系统试验，同时兼顾"南海深部科学计划"开展科学研究，包括对海底生态系统、生物和地形进行调查。第二、三航段将分别在东北太平洋中国多金属结合勘探合同区和西北太平洋富钴结壳勘探申请区开展近底生物调查、地质取样、海底摄像和海底沉积物剂量反应试验等。这是对"蛟龙"号的严峻考验，也注定将开启我国深海研究发展的新天地。

2013年7月10日9时40分左右，潜航员唐嘉陵、张同伟和周怀阳搭乘"蛟龙"号载人潜水器在南海一个冷泉区北部下潜，以探索这一海底区域的地质和生态系统。17时左右，水淋淋的"蛟龙"号被捞出海面，安全地收回到母船"向阳红09"的甲板上。作为"蛟龙"号首个试验性应用航次第一航段的最后一次下潜，此次的最大下潜深度为1291米，在蛟龙冷泉1号区北部海区进行了约6.6千米的近底巡航观察，并对蛟龙冷泉1号区开展了地形测绘，这是"蛟龙"号自海试以来一次最长距离的海底巡航。至此，"蛟龙"号在南海圆满完成了首个试验性应用航次第一航段任务。

↑ "蛟龙"号（入水）

从6月10日起航开始到7月10日返航，"蛟龙"号在南海航段下潜10次，其中2次工程性下潜，8次科学下潜，既完成了对冷泉区和"蛟龙海山"区的科学考察，又对这两处海底区域的海底地质、地貌、矿藏以及生物种类有了更为翔实的认识。同时，取得了大量宝贵的生物和地质样品，带回了丰富的海底图片和视频资料。对"蛟龙"号自身来说，还实现了三大突破：其一，海底航行距离最长。7月10日是"蛟龙"号的最后一次下潜，在海底航行6.6千米，创造了"蛟龙"号自2009年海上试验以来海底航行的最长纪录。其二，连续下潜次数最多。6月17日至20日，趁着南海冷泉作业区的有利气象条件，"蛟龙"号连续4天下潜了4次，完成了南海航段近一半的下潜任务，也创造了它连续下潜的纪录。在海上试验阶段，"蛟龙"号最多连续2天下潜2次。对此，现场总指挥刘峰说，"蛟龙"号连续4次在同一地点针对特定科学目标开展了系统科学考察，这不仅标志着潜水器技术状态稳定可靠，性能优越，而且标志着"蛟龙"号技术保障队伍的能力达到了新水平。其三，单次下潜采集样品最多。6月19日，"蛟龙"号开展首个试验性应用航次第3次下潜，在南海冷泉区采集到了117个样品，是"蛟龙"号自海上试验以来单次下潜采集样品最多的一次。其中，最引人注目的就是一只巨大的蜘蛛蟹，形状与普通螃蟹无异，但个头要大很多，爪长40余厘米，且明显比普通螃蟹爪多，像蜘蛛一般。

从3000米下潜实验，到首个试验性应用航次第一航段任务的完成，"蛟龙"号在南海留下了光辉鲜亮的足迹。浪花潮水，水草游鱼，纷纷见证了蛟龙号的傲人功绩。当"蛟龙"号以其矫健的身姿潜入海底，采撷归来时，人们探寻南海"海洋龙宫"的夙愿达成了。南海海底的模样曾经是那样的犹抱琵琶半遮面，如今，竟可以清晰地缓步走到世人眼前。从海上丝绸之路的探索，到郑和下西洋的壮举，华夏儿女不断探索着海洋的奥秘，也在不断追寻着海洋的广度和尽头。他们把目光牵远，想要抵达海洋的天涯海角，而"蛟龙"号却是在纵深的维度上做文章，一双探索的慧眼漫过海洋表层，投射到海洋心底的柔波和旖旎风光上。南海只是"蛟龙"号的起点，相信，从南海出发的"蛟龙"号，承载着中国人沉甸甸的海洋梦想，必将去探寻更深远更神秘的海域……

载人潜水器3000米级海试
第37潜次

🔵 2010年5月31日至7月18日，中国第一台自行设计、自主集成研制的"蛟龙"号深海载人潜水器进行了3000米级海上试验，最大下潜深度达到3759米，并采集到深海样品，同年7月26日，经由海监一支队提交样品馆海参样品两件、沉积物样品一件、海水样品一件。

冲破迷梦——虎门销烟

这是中国历史上最为阴暗也最为悲壮的一段记忆，鸦片布下致命陷阱，泱泱中华陷落在浑浑噩噩的泥淖中，千年古国就此蒙羞。阴云笼罩着南海，伤痕累累的国度盘踞南海，发出痛苦的呻吟。然而，历史的车轮并没有停止前行，不屈的民族精神在鸦片的噩梦中醒来，南海边，古老的东方雄狮在挣扎中轻舔伤口，向着浩渺天宇喊出了振聋发聩的吼声……

鸦片梦魇

在众多的影视资料里，我们都能看到清朝末年，那些留着长辫、骨瘦如柴的大烟鬼形象。这是拜西方殖民者所赐，为谋求暴利，他们带给了中国一味"灵丹妙药"——鸦片。在鸦片的诱惑下，无数人倾家荡产，卖儿鬻女，甚至坑蒙拐骗，最后只落得家破人亡，惨死街头。人性的阴暗面映衬着社会和时代的浓浓阴云，民不聊生，水深火热，暗无天日……这些严酷的词语可以言说当时人们的生活状况，却无法诉尽人们内心的巨大痛楚。

内忧外患是对清朝末年中国历史处境的精辟概括。从内部来看，清朝统治者腐朽无能，却还盲目地骄纵自大，沉醉在"天朝上国"的美梦之中，以至于中国的经济、文化、军备都处于落后状态，这个看似坚固的城堡，其实内部已经掏空。从外部来看，西方殖民者在全世界所向披靡，无坚不摧。发达的工业、先进的航海技术为霸权的魔爪提供了强有力的支撑。所以当以英国为代表的西方殖民者怀着吞噬一切的欲望来到中国时，意外的"碰壁"让他们恼怒，当时，清政府奉行"闭关锁国"的政策，拒绝与外国通商贸易。为了踢开政策的"绊脚石"，西方殖民

林则徐（1785—1850），清朝后期政治家、思想家和诗人，当之无愧的民族英雄，史学界称他为近代中国的"第一人臣"。林则徐注重翻译介绍外国文献，辑撰《四洲志》、《华事夷言》等，勇于学习外国先进技术，也被称为中国近代"睁眼看世界的第一人"。

⬆ 鸦片烟嘴

⬆ 古炮台

只得打起了鸦片贸易的主意。他们与沿海地方官吏相勾结，向中国倾销鸦片。果然，这味迷幻药轻易就冲决了清政府那看似坚固的政策堤坝。英国是鸦片贸易的始作俑者，美国、俄国等殖民者步其后尘，也利用鸦片撬开了中国的国门。鸦片导致的各种社会问题纷至沓来，国家危如累卵，神州大地陷入鸦片梦魇不能自拔,而南海之滨的广州，鸦片早已泛滥成灾。

黎明时分的广州黄埔港，海风吹荡着轮船上的旗帜，几只鸥鸟啄食早起的鱼虾，冉冉升起的太阳正逐渐将海与天切分开来，一派静谧的海滨晨景。借助众多历史遗迹，我们还能触摸到古黄埔港繁华的旧影。然而谁能想到，这个海上丝绸之路的重要枢纽，这个在清代盛极一时的通商港口，竟与鸦片有着一段"不解之缘"。1794年，随着一艘装有近300箱鸦片的帆船驶入黄埔港，广州也就卷入

⬇ 林则徐像

⊕ 虎门销烟图

⊕ 鸦片战争图

了鸦片贸易的漩涡中。当英国人最初在广州倾售鸦片时，并没有受到任何阻力，后来，清政府对鸦片贸易有所限制，英国商人不得不表面宣布停止在广州进行鸦片贸易，但他们暗度陈仓，将鸦片贸易转入地下，由零散的商人走私到黄埔港进行秘密交易。一些正直的地方官吏试图肃清鸦片流毒，责令西方鸦片趸船撤离黄埔港。但贼心不死的鸦片贸易商建了另一个走私基地——零丁洋鸦片走私基地，古黄埔港成了鸦片贸易的秘密接头点。可耻的是，就连一些贪婪腐朽的地方官吏也和外商珠胎暗结，暗中进行鸦片交易。鸦片贸易不仅没有被扼杀，反而变本加厉，广州也就沦为鸦片走私中心。多少害人性命的鸦片从广州这一闸门流入内陆，南海的波涛只能在无奈之中亲眼目睹鸦片蚕食古老国度的性命，南海吞咽下鸦片炮制的这杯苦酒，在万顷碧波中期待奇迹的降临。

虎门销烟

"九州生气恃风雷，万马齐喑究可哀。我劝天公重抖擞，不拘一格降人才。"饱受鸦片之苦的茫茫九州，着实需要风云人物的降世。在这历史关头，民族英雄林则徐挺身而出，力图以一己之私力，挽民族命运之狂澜。在任江苏巡抚及湖广总督时，林则徐就曾大力推行禁烟运动，把烟贩及鸦片吸食者扫荡一空，取得了成效，也积累了一些经验。他上书道光皇帝，痛斥鸦片之危害，一番慷慨陈词打动了道光皇帝，他命林则徐为钦差大臣，赴鸦片重灾区广东进行禁烟。

1839年3月，踌躇满志的林则徐背负重任到达广州，在欢迎礼炮的轰鸣中，如火如荼的禁烟运动开始了。林则徐与支持禁烟的官员紧密配合，大刀阔斧地进行禁烟运动。他下令要求所有烟商交出全部鸦片，并立下保证书，声明以后不再贩卖鸦片，违者没收货物，就地正

⬆ 人民英雄纪念碑局部

法。在收缴鸦片过程中，英国商人试图用贿赂和恐吓阻止林则徐禁烟，林则徐不为所动，他义正词严表明决心："若鸦片一日不绝，本大臣一日不回，誓与此事相始终，断无中止之理。"

起初，英国商人对林则徐的禁烟条令并没有当真，他们只是交出少量货物，并处处推诿拖延，林则徐运筹帷幄，封锁了十三行。英国商务总监义律听到十三行被封锁，立即赶到广州。当

⬆ 虎门广场雕塑——《较量》

义律见十三行有重兵把守，提剑硬闯，士兵将他放行，并拒绝放他出来。林则徐下令十三行内的华人迁出，并断绝十三行与外界通信，切断水粮供应。十三行内有300多名外国人，只得亲自打理自己的生活。不久，重重困压之下的义律屈服。1839年3月28日，在挫败了义律一系列出尔反尔的诡计后，林则徐命人收缴了英国商船上近2万箱237万余斤的鸦片。

1839年6月3日，林则徐筹谋已久的虎门销烟开始了。当天，虎门海滩人潮汹涌。虎门浅滩边早已挖好了两个坚固的销烟池，礼台之上，林则徐一声令下，将士们把鸦片倒入蓄满盐卤水的池中。接着，士兵往池中投入了石灰并不停搅拌，只见白烟滚滚，沸腾如煮，鸦片尽被销蚀;最后，这些废水残渣被冲入大海，点滴不剩。虎门销烟至6月25日结束，历时23天，把近2万箱237万余斤的鸦片全部销毁。举国上下，闻之此事者无不击掌称快，民情振奋不

已。其他西方殖民者得知消息后备感震慑，如在澳门的葡萄牙商人，承诺不再贩卖鸦片，并通力配合林则徐禁烟。虎门销烟打击了英国殖民者的嚣张气焰，使得祸国殃民的鸦片贸易受到重创。在中国近代史的浪潮中，虎门销烟既维护了中华民族的尊严和利益，又展示出了神州儿女反抗外来侵略的决心和勇气。

当最后一滴销烟池中的毒水缓缓流入南海，林则徐和虎门销烟一同被载入史册，华夏民族在鸦片的梦魇里苏醒，一缕阳光撕破层层阴霾，饱受鸦片荼毒的华夏儿女，在虎门凌空长啸，掀开了中国近代历史的新篇章。

林则徐留下虎门销烟的壮举，却阻挡不了他身后那个不断坍塌的清政府，鸦片战争中屡屡失利的清政府只好按照西方殖民者的要求对林则徐兴师问罪，将他充军新疆伊犁。不公平的命运没有让林则徐怨天尤人，他仍然保持着忧国忧民的豁达胸襟，写下了"苟利国家生死以，岂因祸福避趋之"的激励诗句，警醒着后起之秀为民族之大义割舍小我之私利。于是，南海边，可歌可泣的英雄故事如雨后春笋般涌现。

怒海狂涛——虎门之战与三元里抗英

　　面对气势汹汹的入侵者，南海正义的风潮不息，虎门将士浴血奋战，视死如归，在枪林弹雨中谱写了一首中华男儿抵御外辱的悲歌。民间海洋浪潮奔涌，血性未泯的三元里人民不甘被踩躏的命运，他们揭竿而起，让手中的农具成为反抗西方列强的兵器，掀起了反抗西方殖民者的民间狂涛……

虎门之战

　　公元1841年的旧历新年将至，虎门百姓都在忙着置办年货，对于已经来到家门口的战争他们不置一词，在看似从容的忙碌中迎接新年的到来。战争起于这年的6月，当时一支由48艘舰船、4000多名士兵和540门大炮组成的英国远征军抵达广州，他们封锁了珠江口，挑起了鸦片战争的开端。半年多来，虎门百姓心里都清楚，虎门销烟是这场战争的导火索，复仇者怎么能不对虎门下手呢？然而，手无寸铁的百姓又能做些什么，唯剩下对前途心照不宣的担忧而已。

　　也许人们最初的担忧淡化在林则徐的笃定中，只要林大人还在，似乎战火就可以被拒之门外。高瞻远瞩的林则徐在虎门销烟时就已经窥破西方殖民者的野心，他早就命人在虎门的各处炮台安设了几十门火炮，以严密封锁虎门外的水面，而在水流湍急的江道，安装了两条拦江木排铁链。座座炮台，重重门户，重兵把守，堪称一道道攻不破的金锁铜关。果然，林则徐的精心布置加上水师的顽强抵抗，使得英军在虎门的挑衅屡屡落空。然而，随着北方战事的推进，抵挡不住英军重压的清政府将林则徐革职查办，新任钦差琦善竟下令将铜墙铁壁的布置悉数拆除，令海防松弛不堪，广州战事也每况愈下。眼下，行走在虎门的每一个人，似乎都在用新年这件欢喜的外衣来遮蔽内心的不安，惶惶无着的虎门百姓默默猜度：他们迎来的究竟是新年新气象，还是万劫不复的祸事呢？

　　1841年正月，虎门百姓还沉浸在新年的欢喜中，烟花爆竹的红色纸屑越铺越厚，虎门浅滩却感到了一阵莫名的惊恐。果然，正月初五，虎门要塞第一重门户沙角、大角炮台突然被英军攻占。正月二十八，数十只英国船舰向虎门口汇拢。二月初五下午，英军悄悄登陆横档岛，连夜选择阵地布设炮位。二月初六，英军炮轰横档、永安炮台，守台清军激烈抗击，后因寡不敌众，两座炮台被英军攻占。随后，英军"伯兰汉"号和"麦尔威里"号两艘军舰

逼近，以右舷炮轰击威远、靖远炮台。清军将领关天培誓死守护阵地，他将自己的财物统统分赠将士，并高喊："将士们，人在炮台在，决不离炮台半步！"鼓励大家勇猛杀敌。关天培亲自点燃大炮，与敌军激战近10个小时。最后，英军从炮台背后进攻，关天培身受重创，虽然血透衣甲，却仍持刀搏杀，终因伤势过重，在炮弹用尽、孤立无援中含恨殉国。虎门各炮台接连失陷，虎门迎来了令人扼腕的战败。

　　海鸟穿梭在硝烟中，观望着尸横遍野的景象，不禁凄厉鸣叫。倒下的英雄用铮铮铁骨阻挡英国殖民者的坚船利炮，性命可舍，家国难弃，站立的民族精神坚而不折。满目

↑ 虎门炮台遗址

疮痍的南海之滨，海风吹过断折的船桅，千疮百孔的帆布和炮台的断壁残垣，空气中残留着挥之不去的悲壮挽歌。

　　从地图上看，虎门不过是南海海域米粒大小的一个小镇，但它命中注定是中国历史绕不过去的一座重镇。巧合的是，虎门往南不远处便是零丁洋，这让我们不禁想起了南宋颠覆时刻的悲情故事……一时间，文天祥、林则徐、关天培，民族英雄们在此聚首，古老的民族精神一脉贯穿，跌宕着南海魂接千载的历史风波。

三元里抗英

　　1841年的三元里，是广州城北一座有着几百户居民的村落。鸦片战争之前，三元里和大部分的中国乡村一样，宁静自守，自有一番田园之乐。英国侵略者的到来，打破了当地人民的生活状态，也改变了三元里的历史进程。

　　是年5月25日，鸦片战争的炮火烧到了广州，英军攻陷广州城北的多个炮台，并将司令部架设在地势最高的永康台上。永康台又称四方台，距广州城不远，只要英军开炮，便可轰击城内。清军统帅奕山等人只得求和，5月27日，他们与英方签立《广州和约》。然而，和约的墨迹未干，欲壑难平的英国侵略者又在三元里一带的村庄胡作非为，祸害百姓。

　　当时英方陆军司令卧乌古纵容手下的英军携带武器恣意妄为。他们屠杀民众，烧毁民房，抢夺粮食，任意屠宰猪牛。有些英军甚至掘毁坟墓，盗取各种殉葬古玩，做出了一系列

令人发指的罪恶行径。一时间，民怨载道，积聚的仇恨如同地下岩浆，随时都可能喷发。

5月29日，一小股英军流窜到三元里村抢劫，侮辱菜农韦绍光的妻子李喜，韦绍光与几名村民奋起搏斗，打死英军数名。村民料定英军会来报复，于是纷纷聚集在三元古庙门前，他们推举韦绍光担任首领，用庙中"三星旗"作为指挥战斗的令旗，共同宣誓"旗进人进，旗退人退，打死无怨"。当地爱国乡绅何玉成等人闻知此事后，联络起当地103个乡的民众，准备共同战斗。5月30日清晨，停落在枝头的鸟儿尽被惊散，数千名群众，手拿锄头、铁锹、木棍、石锤、刀矛、鸟枪等可用之械，浩浩荡荡，向着英军据守的四方炮台挺进。

英军司令卧乌古起初并不把这支农民群众的武装力量放在眼里，他率领英军负隅顽抗。战斗中，敌军少校毕霞因紧张恐惧过度而昏厥，不久竟死去了。群众气势愈发强盛，英军只得乱放枪炮应付。群众边战边退，按照原定的计划诱敌深入。英军继续前推，群众并无畏惧，反而摇着旗子，晃动盾牌，卧乌古气急败坏，命令英军紧追不舍。群众牵着敌军的鼻子到达牛栏冈附近。忽然，四下里战鼓擂响，埋伏许久的七八千武装农民如从天降，将敌人围困住。此时旌旗招展，喊杀声震天动地，老弱妇孺齐上阵，更有林福祥为首的500余名水勇也赶来参加战斗。各乡群众如同激流般越汇越多，犹如汪洋之势淹没英军。英军胡乱射击。混乱中卧乌古指挥部下试图分两路突围，但英勇的群众从两翼包围英军后路，甚至不惜冲上前去肉搏。

⬆ 三元古庙

⬆ 三元里人民抗英烈士纪念碑

战到下午时分，电闪雷鸣，大雨倾盆。三元里人民愈战愈勇。英军因火药受潮而枪炮失灵，士气低落，唯有抱头鼠窜。田间小路被暴雨淹没了，稻田里汪洋一片。穿着皮靴的侵略军，深陷泥泞寸步难行，三元里人民挥动长矛，猛烈刺杀英军。5月31日上午10时，广州附近佛山、番禺、南海等县数万群众，也赶来与三元里人民并肩作战，他们将四方炮台层层包围，不给英军喘息的机会。英军溃不成军，最后狼狈退出广州，三元里人民大获全胜。

三元里抗英是民族不屈之士向外国入侵者挥出的一记猛拳。在中国近代史上，这是第一次从民间掀起的反侵略狂涛，不仅打压了英国侵略者的嚣张气焰，也向外国侵略者亮出了一把利剑。它鼓舞着中国人民不畏强暴、斗志昂扬地同西方列强相抗争。这始自民间的三元里抗英斗争像黑夜中的一道星光，照亮了在被欺凌中摸索前行的神州大地。

折戟沉沙铁未销，自将磨洗认前朝。广州虎门的海滩外，沉睡着多少船炮。三元里历史的海滩上，又搁浅着多少厮杀过的农具。从它们遍身的锈迹中，我们依然还能辨认出鸦片战争的硝烟与炮火。浪涛翻涌，前尘尽没，一段辛酸悲壮的过往化作一只在暴风雨中穿行的海燕，用柔韧的弧线，搭起民族的脊梁！

"我不如你"

关天培1781年出生于一个贫困的行武家庭，据考证他是"武圣"关羽的56世孙。虽为武将，兼修文德，著有《筹海初集》及训练图表等。关天培任广东水师提督期间，全力支持林则徐虎门销烟。关天培身经百战，将生死置之度外，在虎门之战中为国捐躯，其英烈事迹广为传颂，被誉为深具民族气节的一代名将。

据说关天培在虎门战死之时，双目紧闭，但身躯挺立不倒，吓得英军目瞪口呆。他高尚的民族气节和爱国精神，让英军将领也折服不已，称他是"最杰出的元帅"。

被革职查办的林则徐得知关天培的死讯后，悲痛之下，当即写下"我不如你"四个大字，以示对这位挚友的敬仰与痛惜。

海风亮剑——白鹅潭上的海权之争

　　踩着虎门销烟的丰功伟绩，踏过虎门之战的将士血骨，时间蜗行摸索，在1923年的广州略作停顿。不久，时间的目光被珠江的一处水面紧紧吸引，但见清风徐徐，吹皱浩渺烟波，船只在静默中行驶，好似进入画境。许是不远处海浪的声音过于喧闹，被打扰的时间皱起眉头极目远眺：在那江水与海水相连处，一排排怀揣野心的战舰竟掀开海浪，向着这宁静淡泊之地杀将而来……

美丽的白鹅潭

　　明代正统年间，南海周边地区连接发生了几场天灾，人民生活变得困苦异常。可是，残酷的官僚和地主非但没有减轻对农民的剥削，反而变本加厉地压迫农民，致使当地百姓苦不堪言。

　　终于有一天，南海冲鹤堡一位名叫黄萧养的青年因不堪忍受严酷的剥削，愤然揭竿起义。黄萧养的起义顺应民意，因此，在短短一个月的时间内，他就聚集了上万名百姓，组建了一支庞大的起义军。在黄萧养的带领下，起义军与地主官绅作斗争，后来，他们越战越勇，一路浩浩荡荡地打到了广州。次年，在珠江沙面岛附近的江面上，起义军用300多艘战船打败了前来镇压的广西官军。传说在这次战斗中，黄萧养的起义军对地形并不熟悉，多亏了两只大白鹅的引路导航。这两只大白鹅经常在江面上自由游弋、忽隐忽现，被当地人视为"神鹅"。

　　后来，起义军因为寡不敌众而战败，这场轰轰烈烈的农民起义被明军镇压下去，黄萧养也不幸战死了。但是，人们不愿意相信一位英雄的死亡，于是，就为他安排了一个神话般的结局。在民间，传说当黄萧养撤退到珠江边时，已是"前无去路，后有追兵"，在这样的紧急关头，两只美丽的大白鹅忽然从江心游出，它们迅速地游到江边，伸长脖颈，奋力拍打双翼，驮着黄萧养向江心游去。渐渐地，大白鹅和黄萧养一起消失在茫茫的迷雾之中。后来，人们根据这个民间传说把沙面岛的江面称作"白鹅潭"。

　　民间传说为英雄安排了美妙的结局，并为这处战场取下了一个饱含美好愿望的名字——白鹅潭，这个富有诗情画意的名字其实寄托了中国民间传说一以贯之的对于象征正义与善良力量的永久敬仰。

可惜的是，西方列强的到来将这个古老的民间传说打碎，将一桶羞辱的污水泼在上面。第二次鸦片战争爆发后，沙面岛沦为英国和法国的租界，白鹅潭成了帝国主义军舰耀武扬威的地方。列强在沙面岛南岸码头建造了"绿瓦亭"，作为停船的码头。曾经在人们心中代表美好理想的白鹅潭景色，落入了列强贪婪的目光中。

其实，细观白鹅潭的地理位置，就能明白列强占据此地的用意。白鹅潭连接珠江，又沟通南海，无论进行河运还是从事海运，都是无可挑剔的完美之地，占据了白鹅潭就等于扼住了广州水道的咽喉。不过，一个民族不会永久地任人欺凌，在经历长久的痛苦煎熬后，必然会惊醒过来，粉碎入侵者的如意算盘。

争夺海权的阴谋

抽出1923年的历史档案，在白鹅潭氤氲的阵阵水汽畔轻轻翻阅。这一年，孙中山领导的革命党人控制了广州，并以广州为基地建立了革命政府。早已对海权问题有着高度警惕的孙中山想要从帝国主义手里夺回广东海关的主权，一场没有硝烟的海权争夺在白鹅潭上演了。

1923年，孙中山带领的革命政府为争回广东、广西两省的关税余款，与列强进行了强硬交涉，因而引发了激烈的冲突。11月23日，孙中山为了收回海关主权，同时解决军饷问题，

白鹅潭夜景

要求将广东海关关税余款还给广东革命政府，并宣称，如若列强拒绝，革命政府将自行提取。后来，他又不断发表了决心收回广东海关关税余款的声明。孙中山的强硬态度让远在北京的外国公使团大感意外。于是，列强便想给孙中山和革命政府一点颜色看看。12月14日，几十艘军舰驶入白鹅潭，妄图以枪炮威胁广州革命政府。然而两天后，见孙中山并没有丝毫退却的意思，列强才觉察到这一次他们遇到了一位顽强的对手。

⬆ 白鹅潭

⬆ 修缮一新的广东海关

12月17日，孙中山写下了《致美国公民书》，竭力谴责美国海军在广州革命政府的辖区内强征关税的不义行径。12月24日，他又发表了《关于海关问题之宣言》，抗议英美干涉中国的内政。面对这些正义的谴责，列强置若罔闻，他们将炮口对准了广州革命政府，准备随时炮轰。此时，正义的广东民众终于按捺不住心中的怒火，他们纷纷涌向街头游行示威，向列强发出强烈的抗议，积极拥护革命政府收回关税余款，收回广州海关自主权。

12月底，列强的战舰陈列海上，局势陷入僵持阶段。列强不甘心就此退兵，但面对广州各界如火如荼的爱国热情和众志成城的

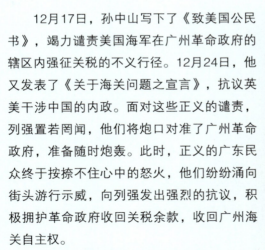

力量重压，他们又无计可施。于是，1924年1月起，部分列强灰溜溜地悄悄撤离。广州人民在国民党左派和共产党合作领导下，反帝情绪空前高涨，终于迫使北京驻华公使做出让步，于1924年4月1日，将广东海关"关余"拨付给广州革命政府。这就意味着，广东海关主权的部分回归。随后，停泊在白鹅潭的军舰先后撤离，4月25日，最后一批军舰撤离，列强的恐吓手段破产。10月23日，广州革命政府准备接收海关，列强见势不妙，派出8艘军舰再次驶入白鹅潭，又一次使用武力手段侵犯中国海关主权，最终广州革命政府的努力化为泡影。尽管海关主权还是沦落在列强的手中，但革命政府毕竟收回了"关余"自主权。难能可贵的是，在这一系列的摩擦与争执中，以孙中山为代表的革命政府敢于以强硬的姿态向列强说出了响亮的"不"字……

今天的白鹅潭，生机勃勃，活力无限，风景更胜从前。夜幕低垂，月照江心，随水沉浮，波光点点，化作偏远的背景。两只神奇的白鹅浮出水面，在月光下引吭高歌。它们时而逐浪欢腾，时而梳洗羽翅，一池江水涟漪泛泛。明月空灵，高悬于淡远的天幕，不由得让人再一次想起那场旷日持久的争夺。抢回海关主权的举动，已然化身为两只圣洁的白鹅。这两只代表正义的神鹅，从南海畔起航，驮起了渴望民族独立的愿望，驮起了国家富强的理想，游进历史的最深处……

🔸 白鹅潭

龙珠返家——港澳回归

昼夜更替，时光游走，被剜割的国土陆续回家，却有香港、澳门匍匐在南海之滨，暗自饮泪。她们无时无刻不在怀念故土，渴望投归祖国母亲的怀抱。20世纪末，当港澳回归的音乐响起，大陆和赤子的望眼欲穿终于簇拥在一起。香港、澳门，如同两颗失而复得的龙珠在南海海域熠熠生辉，照亮了百余年间的离愁别绪……

香港回归

1997年6月30日午夜，南海的浪涛比平时更为欢畅。夜幕之下，巨大的欣喜和祈盼汹涌澎湃，历史性的一刻即将到来。此时，东方之珠香港，遍地灯火辉煌，光影流泻中人们翘首以待，激动之情呼之欲出。而香港会议展览中心屏息静待，举世瞩目的中英香港政权交接仪式即将在五楼大会堂举行。

当时针正指1997年7月1日零点，雄壮的中华人民共和国国歌奏响，五星红旗和香港特区区旗一同冉冉升起。会场响起雷鸣般的掌声，照相机争先恐后地记录下这一历史时刻。江泽

香港夜景

↑ 香港街景

民主席向世界庄严宣告：中华人民共和国香港特别行政区正式成立！这一刻，举国欢腾，中华儿女喜极而泣。中国政府对香港恢复行使主权，经历了百年沧桑的香港终于回到祖国母亲的怀抱。

见证香港百年痛楚的南海，目睹着米字旗的谢幕和英国殖民统治的终结，长达一个半世纪的痛彻心扉终于得以释怀。这一刻，南海犹如一位饱经沧桑的老人，在泪眼婆娑中平复下激动的心情，忍不住回想起那段屈辱岁月。

当初，香港水深浪静，本是一个天然的良港，在南海过着怡然自得的日子。然而，英国殖民者却伸出了贪婪的触角，他们对香港垂涎已久。1842年8月29日，在鸦片战争中一败涂地

↑ 香港夜景

的清政府，不得已与英国签订了丧权辱国的不平等条约——《南京条约》，英国强行将香港岛从中国的版图上撕裂。1860年10月24日，英国从《北京条约》中得到了九龙半岛界限街以南的地区；1898年6月9日，《展拓香港界址条例》，英国得以租借九龙半岛界限街以北地区及附近262个岛屿，租期99年。一步步紧逼，一步步得逞，英国殖民者终于如愿。香港被掠走，中华版图上独留下一个血淋淋的伤口。

南海以涛音海韵安抚着香港的泪吟，遗失的孩子渴望回归母亲的怀抱，母亲也从未放弃过对孩子的争取。时间的年轮转到了20世纪70年代末，"一个国家，两种制度"的理论方针让香港看到了回家的一线希望。随后，从80年代初开始，中国与英国多次谈判，力争收回香港的主权。1982年，中国领导人邓小平会见英国首相撒切尔夫人，留下了一段为人乐道的精彩谈判。终于，1984年12月19日，中英两国签署《关于香港问题的联合声明》，明文昭示：1997年7月1日，英国政府将香港交还中国。

香港终于回到了母亲的臂弯中，大街小巷都在传唱着同一首歌——《东方之珠》："月儿弯弯的海港，夜色深深灯火闪亮，东方之珠整夜未眠，守着沧海桑田变幻的诺言，让海风吹拂了五千年，每一滴泪珠，仿佛都说出你的尊严……"在这首歌的旋律里，祖国和平统一的齿轮越转越快，紫荆花旗迎风飘扬，南海颔首而笑，香港这颗璀璨的东方之珠，洗净英国殖民者强加的屈辱之后愈发闪亮耀眼，也照亮了澳门回家的路。

澳门回归

你可知妈港不是我的真名姓？
我离开你的襁褓太久了，母亲！
但是他们掳去的是我的肉体，
你依然保管着我内心的灵魂。
三百年来梦寐不忘的生母啊！
请叫儿的乳名，叫我一声"澳门"！
母亲！我要回来，母亲！

当诗人闻一多写下这饱蘸血泪的文字，赤子呼喊母亲的声音刺破历史苍穹，风雨飘摇的澳门展露款款史话。

狭长的澳门半岛蹲守在珠江口西侧，形状像是一只被遗落的靴子，隔着零丁洋与香港遥相对视。早在明朝，就有前来经商的葡萄牙人在澳门修建洋房居住。澳门港湾渔歌向晚，帆影交错，当地渔民和这些洋人倒也相安无事。1583年，居留澳门的葡萄牙人未经明政府的同意，成立了澳门议事会治理葡萄牙社区，每年支付明政府500两白银的地租费，觊觎澳门的野心昭然若揭。

1623年，葡萄牙任命的澳督马士加路到澳门就职。澳督最初只负责澳门防务，在其官邸内设有炮台。尽管清政府于1749年颁布了《澳夷善后事宜条议》，力图完善澳门的对外法律，并将有关条议的葡文石碑立于议事亭，然而，1783年4月4日，葡萄牙发布《王室制诰》，澳门总督的权力不断膨胀，取代了议事会，清政府的法律约束力沦为一座毫无意义的石碑。

1842年，英国成功谋取了香港，羡煞了葡萄牙人，他们派代表与清政府谈判，要求免除地租银，并由葡萄牙军队驻防澳门半岛。清政府断然拒绝了葡萄牙的无理要求，但葡萄牙在澳门的各种优待依然有效。1845年11月20日，葡萄牙女王单方面宣布澳门为自由港，容许外国商船停泊贸易，拒绝向清政府缴纳地租银。1846年4月，澳督亚马留上任，推行殖民统治政策。三年后，亚马留公然将清朝官员赶出澳门，并捣毁清朝海关。蛮横残暴的举动激起了华籍居民的愤怒，亚马留最终遇刺身亡。但通过这样一系列的方式，葡萄牙一点点侵吞强占了澳门。1887年12月1日，清政府与葡萄牙先后签订了《中葡里斯本草约》与《和好通商条约》，澳门彻底沦为葡萄牙的囊中之物。

我国对澳门的索回从未中止。1979年2月8日，我国与葡萄牙签署建交联合公报，葡萄牙承认澳门是中国领土，为澳门回归埋下伏笔。1985年5月，葡萄牙总统访问我国，与我国领导

🔽 澳门一角

人邓小平会晤，表示将会友好解决澳门问题，为澳门回归提供了契机。从1986年至1988年，我国和葡萄牙就澳门回归问题展开四轮谈判。1987年4月13日，《中葡联合声明》正式签署；1988年1月15日，中葡两国政府互换批准书，《中葡联合声明》正式生效。

↑ 大三巴牌坊

1999年12月20日，百年的倒计时终于归零。在澳门文化中心花园馆，中葡澳门交接仪式正式举行。五星红旗在迎回香港之后，又在澳门的上空升起。澳门特别行政区的绿色区旗在喧嚣乐曲和众望所归中傲然飘扬，五星、莲花、大桥、海水荡漾在中国的版图之上。母子团聚的时刻，烟花绚烂，龙狮共舞，南海碧波尽欢颜，盛世中国的民族自豪感和荣誉感悄然绽放。

推开那扇熟悉的篱门，月光下，南海边，香港和澳门回家了。伴着一阵欣喜急切的脚步声，沉积了百年的耻辱终于得以洗刷，那些惨不忍睹的伤口逐渐愈合，辉煌灿烂的明天指日可待。舍生取义的英雄，哀婉叹惜的文人，长眠的英灵，当得以慰藉。寒来暑往，春秋易节，今日之中国以傲然雄姿挺立于世界之林，宣告着我们对于家园的执著坚守，而中华版图的篱墙之上已然悬挂起满架芬芳。

澳门名字的由来

500多年前，澳门还只是个小渔村，附近海域盛产蚝，蚝壳内壁光亮如镜，因此被称为"蚝镜"，后被人改为文雅的"濠镜"。清代《澳门纪略》一书有关于澳门名字的由来，此外还引申出"海镜"、"镜海"等别名。

另外，"妈港"一名另有故事，源于渔民敬仰的天后妈祖。传说曾有一艘渔船在风平浪静的日子出海，忽然海面狂风大作，暴雨如注，渔人命悬一线，危在旦夕。这时，一位少女从烟云缭绕处走出。只见她一声令下，顿时风平浪静，渔船平安抵达澳门港。方才那少女径直走向妈阁山，一轮光环呈现，少女消失不见。后来，人们就在少女登岸的地方建起庙宇，以供奉这位妈祖。16世纪中叶，第一批葡萄牙人抵达澳门，询问起当地名称，居民误以为他们问的是妈祖庙，回答是"妈港"，葡萄牙人将其音译为"MACAU"。

不能忘却的南海民族丰碑

"一腔热血勤珍重，洒去犹能化碧涛。"鉴湖女侠秋瑾的洒脱诗句，可以看做是对南海逝去英雄的悼词。这阵阵碧涛，时而回旋，时而激荡，最终都汇入茫茫南海之中。波光涛影中，历史遗址上，一座民族丰碑拔地而起，直指苍穹，可歌可泣的英雄故事化作荡气回肠的民族传说……

在这个古老国度里，曾有一群鲜活的生命为家国赴汤蹈火，不论是显赫的将士，还是无名的英雄，他们用淋漓鲜血浇筑着顽强不屈的民族骨骼。南海之畔，一些渺小的生命形式和微小的生活细节，可能在时光流逝中消弭意义，但有一些伟大，有一些不朽，必然会被人们记挂心头，成为一份难以忘却的纪念。将美丽的花环置于民族丰碑之顶，让信念的火把在不同的手中世代传递……

虎门广场雕塑——《较量》

1996年，虎门广场建成。在广场的中轴线上，坐落着一座大型的雕塑。两只强有力的手，把一根笔直的烟枪折成"人"字形。雕塑家用艺术的手法，熔铸历史精神，具有深沉力感。每当人们观望时，耳畔仿佛响起痛快的"咔嚓"声。在《较量》雕塑后面，竖立着一块英雄壁，壁上的36名先人面带愤怒，肩扛鸦片倒入销烟池，让人如同身处虎门销烟的历史情境当中，重温那段峥嵘岁月。

三元里人民抗英纪念碑

1950年10月1日，三元里村旁，写着"一八四一年广州人民在三元里反抗英帝国主义侵略斗争牺牲的烈士们永垂不朽"的三元里人民抗英烈士纪念碑竖立。而三元里人民当年誓死抗英的三元古庙遗址，也在1958年11月建为三元里人民抗英斗争史料陈列馆，内有三元里抗英时的遗物，如三星旗、缴获的英军军服、大刀长矛等，清晰呈现了三元里抗英的豪情时刻。

"永远盛开的紫荆花"与"盛世莲花"

1997年7月1日，1999年12月20日，香港特别行政区和澳门特别行政区分别成立。在这两个特殊的日子，我国中央政府赠送了两件特殊的礼物——"永远盛开的紫荆花"与"盛世莲花"镀金雕塑。雕塑亭亭玉立，花瓣翻腾如飞，金光闪闪，耀眼夺目，寓意香港和澳门特别行政区在祖国的怀抱中更加繁荣昌盛。而这两朵盛开的金花，也是港澳回归的见证，必然追随港澳拥抱美好的明天。

南海故事——苍茫史话中的希望之光

跟随南海故事的脚步，我们已经走入历史的深处，挖掘历史的缝隙，丈量文明的深度，采撷意蕴无限的南海硕果。无数深浅不一的脚印都是一小片微茫海域，好奇心和探索欲捆绑而成的舢板带领我们在这片海域纵横驰骋。蔓延开来的南海情结，是一张不惧风浪的渔网，在滚滚的历史风云中携带质问和探索，去收录、去网罗那些意义非凡的南海风情。

在深邃的历史眼神里，我们可以观看南海的旧日光景和凡俗生活。这里有芸芸众生相，每一个人物在南海的喘息和血泪都足以构成一部色彩斑斓的历史传奇，让后人在凭吊历史的过程中，生发出对未来生活的无尽期许和长久动力。这里有泛泛海洋情，在世俗生活的细微处，在那些零散的细节里，出海捕鱼，焚香祭祀，节日狂欢……无不闪现着那些无法宣之于口的历史奥秘。这里亦有语言文字和水墨丹青滋养的艺术，那一双双创造艺术的手从来不曾停歇，用天马行空的想象力描绘着过往的历史图谱，也描摹着更为神奇的南海未来。

不唯如此，南海还曾布满了炮火撕裂的伤口，它们是历史图卷上的点点阴云，却也为如诗如画的南海增添了一份厚重而苍凉的历史感和神秘感。悲吟海魂，笑谈风月，世间百态，历史炎凉，无不融入包罗万象的南海。而今，冷却的枪炮在海底披上了一身锈色，历经鏖战的战舰在海洋中伏下孤傲的身子。南海，这片从不屈服的海域，用滔天巨浪涤荡战场烟云，用苍劲浑厚的海风遮掩历史风潮，它俨然是一位绘声绘色的倾诉者，向过往的行人讲述着一个个唯美动人的故事，它还是一位力求还原历史真相的史官，从历史的源头发迹，挥舞笔触，引领人们去聆听海洋文明的阵阵心跳。

当海浪用绵软且犀利的沙子涂抹了南海的历史风光，那畅饮过浪花的鹦鹉螺，啁啾着漫无边际的史话与传说，从古老中国的最南方，向苍茫大陆喊出了真挚厚重的心意：回溯往昔的波云诡谲，在世事无尽变迁的背后，藏纳着一个顽强不屈的南海灵魂。南海也曾一度心灵焦渴，在浓烟滚滚的战争火舌中陷入绝望的境地，然而，当苍茫的史话化作一片肥沃的田野，对于未来的希望却是这田野上一束生机勃勃的麦芒，刺破万里苍穹，冲出理想的石门，将博大深沉的南海历史呈献在中华文明的神坛之上。

时间的闸门一次次开启，打捞故事的船只一艘艘归航，记忆被屡屡叫醒，历史以从容不迫的风姿面海而立。这个瞬息万变、桀骜不驯的南海，从蓊蓊郁郁的历史丛林中探出头来，那蛰伏千年的历史卷册，那艰苦卓绝的往昔岁月，那芳草萋萋的绵长海岸，那如火如荼的英雄豪情，那五光十色的南海记忆……在这一刻，所有的过程和意义无不升华为中华民族的共同记忆，成为永不退色的历史壁画。

倚靠俊美的椰林，在温暖的海风中咀嚼历史，娓娓道来的南海故事化身为一只不知疲倦的飞鱼，这源自大海的精灵在南海的风口浪尖自由穿梭，它承载了过往的硝烟与创伤，承载了昨日的辉煌与梦想，更用它矫捷的身姿释放出一道道通向未来的希望之光，照亮了南海的未来和前程……

世俗生活和精神命脉从来都是并驾齐驱的两匹快马，它们一边奋力角逐，一边相依为命。在南海历史的建构中，首屈一指的便是南海渔民，渔民是南海永恒的历史人物，他们默默无闻地延续着祖先的生产方式和精神信仰，以海为家，泛海谋生，用勤劳和汗水浸泡着幸福与苦难的颜色。当一只载满全家人希望的渔船出海，当那面精心织补的渔网被奋力撒出，其中蕴含了永恒的希冀——满载而归以延续家族命脉，敬爱海洋以传递信仰薪火。从前，南海渔民正是凭借这永恒的信念和操守，为历史的发辫再添一只娇艳的花朵，如今，他们依然手握这不老的法宝，为未来的脸庞画出一抹艳丽的妆容。

南海，这古老的历史战场尘埃落定，写满战争记忆和顽强拼搏的丰碑下，象征勇士精神的鲜花在悄然绽放。在南海难以计数的岛礁上，保卫海疆的守礁战士踞守于此，用生命和热血坚守着祖国的南大门。面对漫长的时光和无尽的寂寥，这些坚毅的脸庞在风浪的侵袭中愈发执著，当一杆传递许久的枪被一双稚嫩的手接过，那座坚固的边关长城又添了一块崭新的砖石。海风吹奏的歌谣在日夜吟诵着战士心中的神圣使命——保家卫国，生命无悔。

当我们细数那些在南海历史中举足轻重的人物时，无数科研专家和文化学者正凝神屏息，研究着那些历经千辛万苦得到的海洋样本和历史文物。作为中国最大、最深的海洋，南海蕴藏了无数的地球奥秘和生命密码，作为最古老的历史现场，南海存留了弥足珍贵的历史遗址和文物古迹。正是因为这样独特的魅力，南海吸引着一代代研究者探索的目光。多少年来，前赴后继的研究者怀抱理想，孜孜以求，或埋头从事科学研究，或默默进行历史考古，终于使得犹抱琵琶半遮面的南海奥秘一点点浮出海面，更为南海注入了翻腾不息的生命力。

问渠那得清如许，为有源头活水来。新时代的浪头扑打在叠满沧桑的沙滩上，继往开来的建设者纷纷登场，为南海的滚滚激流注入了新鲜血液，使得这片浩瀚水域永不枯竭。也许你会问，饱饮风浪的守礁战士缘何能抵挡寂寥的侵袭而毅然守护茫茫海疆？勇于探索的科研学者缘何能在艰苦卓绝的环境中坚守着对于海洋的一片深情？这答案就藏在南海的浪涛中，平凡的人物是历史的中流砥柱，也是跳动着希望之光的灯塔，他们用如歌的生命铸就了蓝色海魂，描绘着南海未来的模样……

图书在版编目（CIP）数据

南海故事/盖广生主编. —青岛：中国海洋大学出版社，2013.6
（魅力中国海系列丛书/盖广生总主编）
ISBN 978-7-5670-0328-6

Ⅰ.①南… Ⅱ.①盖… Ⅲ.①南海－概况 Ⅳ.①P722.7

中国版本图书馆CIP数据核字（2013）第127067号

南海故事

_____

出 版 人 杨立敏
出版发行 中国海洋大学出版社有限公司
社　　址 青岛市香港东路23号
网　　址 http://www.ouc-press.com
策划编辑 由元春 电话 0532-85902349　　　　邮政编码 266071
责任编辑 由元春 电话 0532-85902349　　　　电子信箱 youyuanchun67@163.com
印　　制 青岛海蓝印刷有限责任公司　　　　　订购电话 0532-82032573（传真）
版　　次 2014年1月第1版　　　　　　　　　印　　次 2014年1月第1次印刷
成品尺寸 185mm×225mm　　　　　　　　　印　　张 9.75
字　　数 80千　　　　　　　　　　　　　　定　　价 24.90元

发现印装质量问题，请致电 0532-88785354，由印刷厂负责调换。

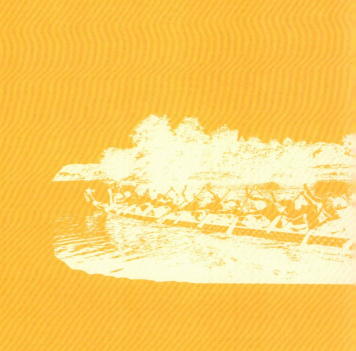